Austin / Short · Fortpflanzungsbiologie der Säugetiere

Band 5: Manipulation der Fortpflanzung

Fortpflanzungsbiologie der Säugetiere **Band 5**

Manipulation der Fortpflanzung

Herausgeber

COLIN R. AUSTIN
Fellow of Fitzwilliam College,
Charles Darwin Professor
of Animal Embryology,
University of Cambridge

ROGER V. SHORT
Director of the Medical
Research Council Unit of
Reproductive Biology,
Department of Obstetrics and
Gynaecology, Edinburgh

Übersetzer

Prof Dr. rer. nat. GÜNTER OBE

Dr. med. vet. UWE HOLLIHN

Dr. rer. nat. BERND BEEK

sämtlich
Wissenschaftliche Einrichtung I
Allgemeine Biologie,
Fachrichtung Genetik
Fachbereich 23 Biologie
Freie Universität Berlin

Mit 45 Abbildungen von John R. Fuller und 7 Tabellen

1977

Verlag Paul Parey · **Berlin und Hamburg**

Schriftenreihe »Pareys Studientexte« Nr. 10

Die Originalausgabe erschien im Verlag *Cambridge University Press* unter dem Titel *Reproduction in Mammals,* Book 5: *Artificial Control of Reproduction*

CIP-Kurztitelaufnahme der Deutschen Bibliothek
Manipulation der Fortpflanzung / Hrsg. Colin R. Austin ; Roger V. Short. – 1. Aufl. – Berlin, Hamburg : Parey, 1977.
(Fortpflanzungsbiologie der Säugetiere ; Bd. 5)
(Pareys Studientexte ; Bd. 10)
Einheitssacht.; Artificial control of reproduction <dt.>
ISBN 3-489-60916-6
NE: Austin, Colin R. [Hrsg.]; EST

Umschlag: Jan Buchholz und Reni Hirsch, Hamburg

Anschriften: D-1000 Berlin 61, Lindenstraße 44–47, D-2000 Hamburg 1, Spitalerstraße 12

Gesetzt aus der Korpus Times Roman
Satz: Arnholdt, D-2000 Hamburg 20
Druck: Ruksal, D-1000 Berlin 61
Bindung: Lüderitz und Bauer, D-1000 Berlin 61

ISBN 3-489-60916-6 Printed in Germany

Inhaltsverzeichnis

Autoren des Bandes 5

C. R. Austin
Physiological Laboratory
Downing Street
Cambridge

R. G. Edwards
Physiological Laboratory
Downing Street
Cambridge

Harold Jackson
Paterson Laboratories
Christie Hospital & Holt Radium Institute
Manchester

C. Polge
Animal Research Station
307 Huntingdon Road
Cambridge

D. M. Potts
Medical Secretary
International Planned Parenthood Federation
18-20 Lower Regent Street
London S.W.I.

R. V. Short
Department of Veterinary Clinical Studies
Madingley Road
Cambridge

Übersetzer

Prof. Dr. rer. nat. Günter Obe

Dr. med. vet. Uwe Hollihn

Dr. rer. nat. Bernd Beek

sämtlich: Wissenschaftliche Einrichtung I
Allgemeine Biologie, Fachrichtung Genetik
Fachbereich 23 Biologie
Freie Universität Berlin
Arnimallee 5-7
D-1000 Berlin 33

Vorwort zu Band 5

›Fortpflanzungsbiologie der Säugetiere‹ ist eine Buchreihe für Studenten der Zoologie, Biologie, Medizin, Veterinärmedizin und Landwirtschaft im Grundstudium. Sie kann auch fortgeschrittenen Studenten und Wissenschaftlern als Informationsquelle dienen. In fünf kurzen Bänden werden alle wichtigen Aspekte der Fortpflanzung bei Säugetieren behandelt. Die Bücher umfassen unabhängig voneinander selbständige Teilgebiete der Thematik, so daß der Leser seinen Interessen entsprechend einzelne Bände auswählen kann. Der Inhalt der einzelnen Bände ist auf der nächsten Seite aufgeführt. Der fünfte und letzte Band beschäftigt sich mit dem Thema »Manipulation der Fortpflanzung« bei Tieren und beim Menschen. Wenn wir überleben wollen, dann ist es notwendig, die Produktivität unserer Haustiere zu steigern, das Wachstum unserer eigenen Bevölkerung aber strikt zu begrenzen. Bei der Steigerung der tierischen Fruchtbarkeit wurden bereits deutliche Erfolge erzielt, aber die jährliche Zuwachsrate der menschlichen Bevölkerung nimmt weiter zu. Das auf diesen Gebieten erreichte und die dabei bestehenden Probleme werden in den ersten vier Kapiteln behandelt. Wir haben inzwischen ein Stadium erreicht, in dem rechtliche, moralische, soziale, politische und religiöse Meinungen über den Stellenwert neuer Entdeckungen auf dem Gebiet der Biologie des Menschen weit auseinandergehen. Diese unterschiedlichen Einstellungen stehen einer Manipulation der menschlichen Fortpflanzung häufig entgegen, eine Problematik, die in den beiden abschließenden Kapiteln dieses Bandes diskutiert wird.

Colin R. Austin   Roger V. Short

Vorwort der Übersetzer

Die Fortpflanzungsbiologie der Säugetiere ist für viele Biologiestudenten ein weitgehend unbekanntes Gebiet. Wir glauben, daß die vorliegende, fünfbändige Reihe dazu beitragen kann, diese Lücke zu schließen. Die einzelnen Kapitel sind von Wissenschaftlern geschrieben, die selbst auf dem entsprechenden Gebiet arbeiten; somit sind auch neueste Forschungsergebnisse berücksichtigt worden. Dennoch sind die Kapitel so geschrieben, daß sie auch dem Studenten in den Anfangssemestern und, wie wir meinen, dem Schüler in entsprechenden Leistungskursen der Sekundarstufe II der Oberschulen verständlich sein dürften. Darüber hinaus wünschen wir der Buchreihe eine weite Verbreitung auch bei naturkundlich interessierten Lesern, kann sie doch dazu beitragen, Mißverständnisse über die Fortpflanzungsbiologie der Säugetiere und natürlich auch des Menschen zu beseitigen.

Frühjahr 1977   Günter Obe   Uwe Hollihn   Bernd Beek

Übersicht über die einzelnen Bände

Band 1: Keimzellen und Befruchtung
Primordiale Keimzellen (T.G.Baker)
Oogenese und Ovulation (T.G.Baker)
Spermatogenese und Spermatozoen (V.Monesi)
Fortpflanzungszyklen und -perioden (R.M.F.S.Sadleir)
Befruchtung (C.R.Austin)

Band 2: Embryonale und fötale Entwicklung
Der Embryo (Anne McLaren)
Geschlechtsbestimmung und -differenzierung (R.V.Short)
Fötus und Geburt (G.C.Liggins)
Manipulation der Entwicklung (R.L.Gardner)
Aborte und Geburtsfehler (C.R.Austin)

Band 3: Hormone und Fortpflanzung
An der Fortpflanzung beteiligte Hormone (D.T.Baird)
Der Hypothalamus (B.A.Cross)
Hormone und Fortpflanzungszyklen (R.V.Short)
Hormone und Gravidität (R.B.Heap)
Die Laktation und ihre hormonelle Steuerung (A.T.Cowie)

Band 4: Spezielle Aspekte der Fortpflanzung
Artunterschiede (R.V. Short)
Verhaltensweisen (J.Herbert)
Umwelteinflüsse (R.M.F.S.Sadleir)
Immunologische Aspekte (R.G.Edwards)
Alter und Fortpflanzung (C.E.Adams)

Band 5: Manipulation der Fortpflanzung
Steigerung der Fortpflanzungskapazität bei Nutztieren (C.Polge)
Begrenzung der menschlichen Fortpflanzungskapazität (D.M.Potts)
Chemische Methoden der Kontrazeption im männlichen Geschlecht (H.Jackson)
Kontrolle der menschlichen Entwicklung (R.G.Edwards)
Fortpflanzung und Gesellschaft (R.V.Short)
Ethische Probleme bei der Manipulation der menschlichen Fortpflanzung (C.R.Austin)

1 Steigerung der Fortpflanzungskapazität bei landwirtschaftlichen Nutztieren

C. Polge

Den Herausforderungen durch Überbevölkerung, Umweltverschmutzung und Unterernährung muß durch energische Anstrengungen auf vielen Gebieten und nicht zuletzt auf dem der Fortpflanzung begegnet werden. Die Biologen sind aufgerufen, Methoden nicht nur zur Begrenzung des Wachstums der menschlichen Bevölkerung, sondern auch zur Steigerung der Tierproduktion zu entwickeln. Obwohl diese beiden Aufgaben völlig gegensätzlicher Natur zu sein scheinen, müssen sie doch auf sehr ähnliche Weise gelöst werden. Methoden, die für die Fertilitätskontrolle beim Menschen entwickelt wurden, können nach geringfügiger Abänderung auch für eine Steigerung der Fertilität bei Tieren nutzbar gemacht werden.

Das Hauptziel der Steigerung tierischer Fortpflanzungskapazitäten liegt darin, Tiere oder ihre Produkte wirtschaftlicher zu produzieren. Dies kann auf vielerlei Weise erreicht werden. Zunächst gehört dazu die Entwicklung besserer Ernährungs- und Haltungsmethoden, aber bessere Methoden der Tierzüchtung haben hierbei eine ausschlaggebende Bedeutung. Bei allen Tieren ist die Fortpflanzungskapazität durch Verluste bei der Befruchtung oder während der Embryonalentwicklung begrenzt. Die Hauptursachen für derartige Verluste können nur durch gründliche Erforschung der Fortpflanzungsphysiologie der verschiedenen Tierarten erkannt werden. Die Fruchtbarkeit kann aber auch ganz spezifisch, wie etwa durch die Induktion von Zwillingsgeburten bei Rindern, die normalerweise nur ein Kalb zur Welt bringen, oder durch eine Steigerung der Wurfgröße bei Schweinen und Schafen oder durch eine Verkürzung der Generationsfolge erreicht werden. Letzteres kann entweder durch die Induktion der Fortpflanzung vor der Geschlechtsreife oder durch die Induktion einer Trächtigkeit in einer jahreszeitlich oder durch Laktation bedingten Fortpflanzungsruhe geschehen.

Ziel all dieser Methoden ist die Steigerung der Nachkommenzahl des Einzeltieres, so als würde man dort, wo vorher ein Grashalm wuchs, zwei wachsen lassen. Das Ziel sollte aber nicht allein eine rein quantitative Vermehrung sein, die Steigerung der Qualität und einer spezifischen Leistungsfähigkeit ist mindestens ebenso wichtig. Es hat keinen Sinn, mehr Tiere zu produzieren, solange sie nicht gleichzeitig auch mehr Milch, Fleisch oder Wolle produzieren. Fortpflanzungsphysiologen müssen mit Genetikern zusammenarbeiten, damit ein Maximum an Nutzleistung aus besseren Zuchtstämmen erzielt werden kann.

Die künstliche Besamung ist die wichtigste Methode zur Erhöhung der Nachkommenzahl der besten Zuchtmännchen, aber auch zur Steigerung der Wirksamkeit genetischer Selektion. Ähnlich könnte die Transplantation von Eiern oder Embryonen dazu dienen, mehr Nachkommen von einem besonders hochwertigen Muttertier zu erhalten. Wichtige wirtschaftliche Gründe sprechen dafür,

Tiere zu besonders günstigen Zeiten zur Fortpflanzung zu bringen und somit Familienplanung auf dem Bauernhof zu betreiben. Ein gutes Beispiel dafür ist die Schweinezucht. Hier ist es besser, wenn mehrere Tiere etwa gleichzeitig und nicht über mehrere Wochen verteilt ferkeln. Ein derartiges »Stoßferkeln« ist im Hinblick auf Betreuung und Unterbringung der Tiere und im Hinblick auf die Einrichtung der Ställe am wirtschaftlichsten. Um ein solches Ziel zu erreichen, ist es notwendig, den Zeitpunkt des Östrus und der Ovulation der Tiere so zu beeinflussen, daß sie zu einer vorher bestimmbaren Zeit alle verpaart werden können. Es gibt auch bereits Methoden zur Östrussynchronisation bei Rindern und Schafen.

Zweifellos wird die Notwendigkeit, die Fortpflanzungskapazität bei Nutztieren zu steigern, die Forschungen auf diesem Gebiet weiter vorantreiben.

Künstliche Besamung

Bisher hat nur eine Methode zur Steigerung der Fortpflanzungskapazität auch in der landwirtschaftlichen Praxis Eingang gefunden, die künstliche Besamung. Sie hat sich als äußerst wirksame Zuchtmethode bei mehreren Nutztierarten erwiesen, besonders aber bei Rindern, bei denen im Vergleich zur natürlichen Paarung der Nutzen einer künstlichen Besamung sehr hoch ist. Aus diesem Grunde und wegen der mit dieser Methode möglichen genetischen Verbesserung der Tiere wird die künstliche Besamung bei Rindern auf der ganzen Welt in großem Ausmaß betrieben. Diese Methode hat sich vor allem in den letzten 30 Jahren verbreitet. In England werden über zwei Mio. Rinder pro Jahr künstlich besamt, das sind etwa 70% aller Rinder. Es ist danach nicht verwunderlich, daß man die künstliche Insemination als die bedeutungsvollste Entwicklung in der modernen Landwirtschaft bezeichnet hat.

Der Erfolg der künstlichen Besamung in der Praxis beruht darauf, daß sie sehr einfach durchzuführen ist und nur einen geringen Eingriff in den natürlichen Ablauf erfordert.

Es ist zu bezweifeln, ob die physiologischen Prinzipien bereits im 16. Jahrhundert bekannt waren, als nämlich, wie eine alte Sage berichtet, ein arabischer Häuptling eine Stute mit Samen befruchtet haben soll, den er von einem Hengst eines seiner Rivalen gestohlen hatte. Da man damals noch keine künstliche Vagina kannte, wurde der Samen offenbar mit einem Schwamm der Vagina einer kurz vorher besamten Stute entnommen. Diese Geschichte mag erfunden sein, mit Sicherheit ist aber die Methode der künstlichen Besamung im Jahre 1780 von dem berühmten italienischen Physiologen Spallanzani an einer Hündin erfolgreich angewendet worden. Nutztiere wurden erst mit Beginn dieses Jahrhunderts künstlich besamt. Russische Wissenschaftler hatten künstliche Scheiden und Besamungstechniken entwickelt, die bei Pferden, Rindern und Schafen erfolgreich angewendet werden konnten. Seitdem wurde die Technik erheblich verbessert.

Der Vorteil der künstlichen Besamung beruht darauf, daß das Ejakulat viel mehr Spermatozoen enthält, als für eine erfolgreiche Befruchtung notwendig sind. Das Ejakulat eines Bullen enthält bis zu 10 Mrd. Spermatozoen, die für eine Befruchtung von mindestens 1 000 Kühen ausreichen. Diese ungeheure Spermatozoenmenge kann nur dann voll genutzt werden, wenn geeignete Methoden für ihre Gewinnung und Speicherung und für die Insemination verfügbar sind.

Methoden der Samengewinnung

Die gängigste Methode besteht in der Verwendung einer künstlichen Vagina, die, abgesehen von der Größe, für die meisten Tierarten sehr ähnlich gebaut ist. Sie dient zur Simulation natürlicher Bedingungen und besteht aus einem festen Zylinder, der mit einem an der Innenfläche gleitfähigen Gummimantel ausgekleidet ist (Abb. 1-1). Zwischen Zylinder und Gummihülle wird zur Schaffung der richti-

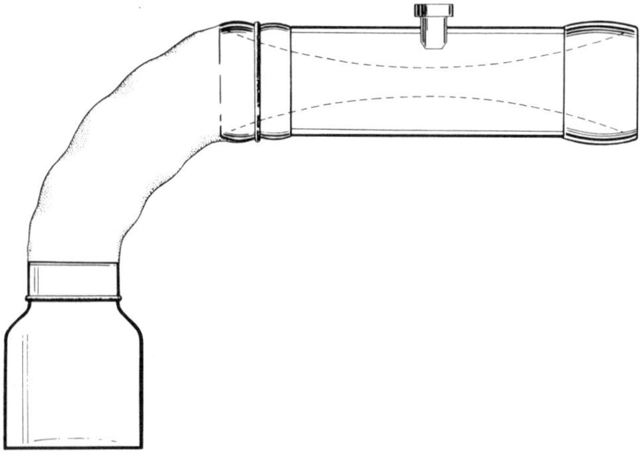

Abb. 1-1. Künstliche Vagina mit Vorrichtung zum Auffangen des Samens. Der Raum zwischen Innenwand (gestrichelte Linien) und Außenwand der Kunstvagina ist mit warmem Wasser gefüllt. Diese Einrichtung ist für Eber konstruiert.

gen Temperatur warmes Wasser eingefüllt (meist 40–45 °C). Der Druck kann durch Einleiten von Luft reguliert werden. Wenn das männliche Tier eine Weibchenattrappe bestiegen hat, wird der Penis in die künstliche Vagina gelenkt. Nach der Ejakulation wird der Samen in einem Behälter am Ende der künstlichen Vagina aufgefangen (Abb. 1-2). Der Behälter ist gegen Kälte isoliert, da ein schnelles Abkühlen den Samen schädigen würde.

Eine andere, häufig verwendete Methode ist die Elektro-Ejakulation. Die Reizung erfolgt über eine Rektalsonde mit ring- oder bandförmigen Elektroden (Abb. 1-3). Beim Bullen kann die Stimulation direkt an den Ampullen und den Samenblasen erfolgen. Zwei einfache Elektroden werden an den Fingern einer Hand befestigt, und die genannten Organe werden durch die Enddarmwand hindurch stimuliert (Abb. 1-4). Elektro-Ejakulation ist bei Bullen und Schafböcken sehr erfolgreich, wird aber bei Eber und Hengst nur selten angewendet. Sie ist besonders geeignet zur Samengewinnung bei wertvollen Männchen, die aus irgend-

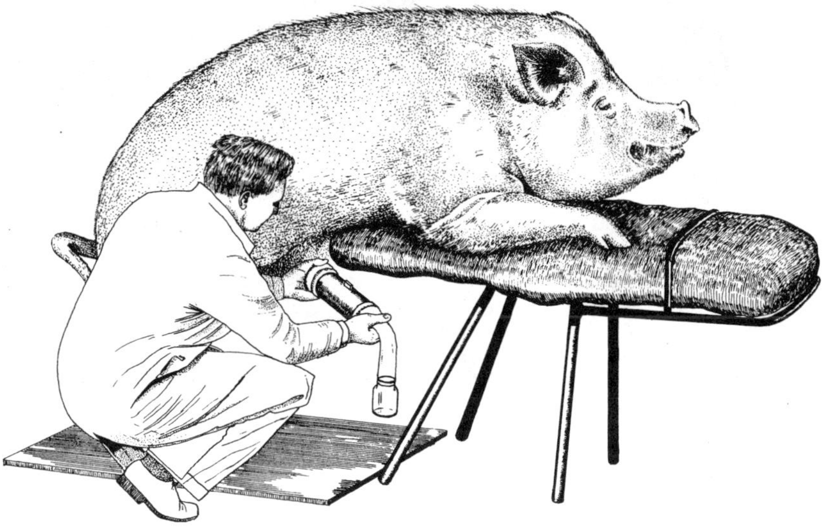

Abb. 1-2. Die Samengewinnung beim Eber mit Hilfe einer Attrappe, die besprungen wird.

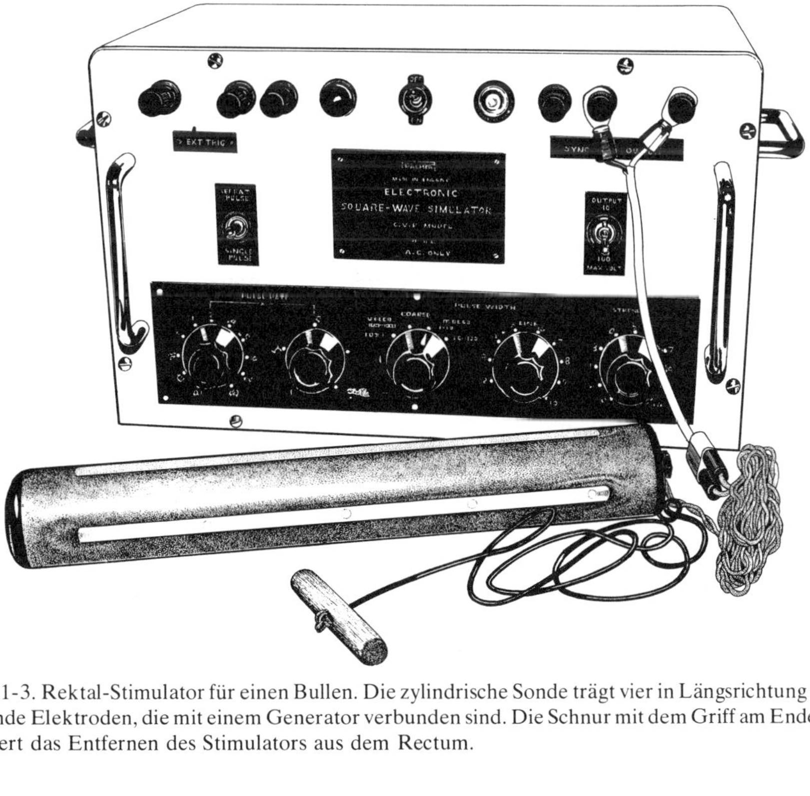

Abb. 1-3. Rektal-Stimulator für einen Bullen. Die zylindrische Sonde trägt vier in Längsrichtung verlaufende Elektroden, die mit einem Generator verbunden sind. Die Schnur mit dem Griff am Ende erleichtert das Entfernen des Stimulators aus dem Rectum.

welchen Gründen nicht decken können und somit auf normalem Wege keinen Samen produzieren. Sie dient auch der Gewinnung von Samen junger Tiere, bevor diese zu decken beginnen; das ermöglicht eine schnellere Abschätzung des Zuchtwertes eines Tieres. Der bei Elektro-Ejakulation gewonnene Samen ist etwas dünner als das natürliche Ejakulat und enthält mehr Sekrete der akzessorischen Geschlechtsdrüsen, seine Befruchtungsfähigkeit ist aber normal.

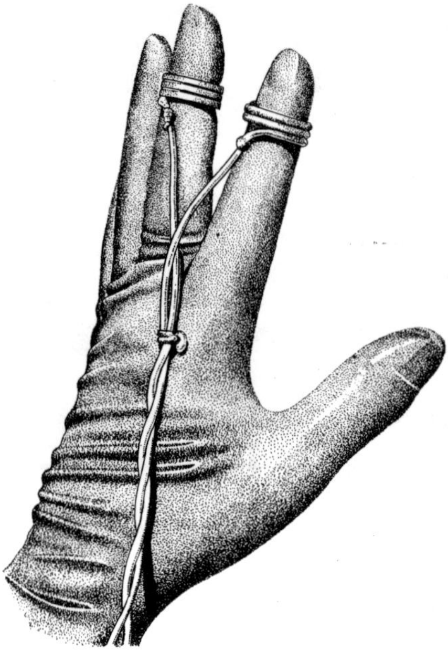

Abb. 1-4. Fingerelektroden zur direkten Stimulation von Ampullen und Samenblasen der Bullen.

Eigenschaften des Samens

Es gibt erhebliche Artunterschiede in der Menge und der Zusammensetzung der Ejakulate (Tab. 1-1). Unter den Nutztieren produziert der Eber die größte Samenmenge und die größte Zahl von Spermatozoen. Letzteres beruht wahrscheinlich auf der Größe der Hoden und auf der im Vergleich zu Bulle und Schafbock kürzeren Dauer der Spermatogenese. Unterschiede in der Ejakulatmenge und in der Spermienkonzentration beruhen im wesentlichen auf den Beimengungen der verschiedenen akzessorischen Drüsen.

Die Spermatozoenmenge, die sich von einem Tier gewinnen läßt, und damit das Ausmaß, mit dem sich sein genetisches Potential ausbeuten läßt, kann durch die Frequenz der Samenentnahme und durch die Intensität der sexuellen Vorbereitung vor der Ejakulation erheblich beeinflußt werden. Ein erwachsener Bulle produziert etwa 13 Mrd. Spermatozoen pro Tag. Werden täglich zwei Ejakulate über eine lange Zeit hin gesammelt und wird jedesmal für eine intensive sexuelle Vorbereitung gesorgt, erhält man nur knapp über 7 Mrd. Spermatozoen pro Tag, also weniger als 50 % der normalerweise von einem Tier täglich produzierten Spermien. Eine erhebliche Menge der gebildeten Spermien geht ständig durch Resorption in Nebenhoden, Abfluß über die Harnröhre und Verlust mit dem Harn oder durch Masturbation verloren.

Eine Steigerung der Spermienproduktion ist durch Behandlung mit Hypophysengonadotropinen kaum möglich. Schlechte Ernährung kann den Beginn der

Tabelle 1-1. Charakteristika des Samens und der Samenproduktion bei landwirtschaftlichen Nutztieren. (Nach E. S. E. Hafez. *Reproduction in Farm Animals*, 2nd edition. Philadelphia; Lea & Febiger, 1968)

	Rind	Schaf	Schwein	Pferd
Anzahl der pro Woche gesammelten Samenproben	1–6	7–25	2–5	2–6
Charakteristika eines durchschnittlichen Ejakulates				
Volumen (ml)	5–8	0,8–1,2	*150–200*	060–100
Spermienkonzentration (× 10^6/ml)	1000–1800	2000–3000	200–300	100–150
Anzahl Spermien/Ejakulat (× 10^9)	5–15	1,6–3,6	30–60	7–15
Anzahl Spermien/Woche (× 10^9)	15–30	25–40	120–150	30–42
Bewegliche Spermien (%)	65	75	70	65
Morphologisch normale Spermien (%)	85	90	80	80

*Gelfreies Volumen

Geschlechtsreife leicht verzögern, aber die Spermienproduktion ist durch die Ernährung kaum beeinflußbar.

Die physikalischen und chemischen Eigenschaften des Samens sind gut bekannt, aber es werden kaum Beziehungen zwischen ihnen und der Befruchtungsfähigkeit gefunden. Die chemische Zusammensetzung des Samenplasmas und der Stoffwechsel der Spermatozoen sind artspezifisch verschieden. Im Samen wurden einige seltene organische Verbindungen gefunden, aber ihre Bedeutung für die Befruchtungskapazität der Spermatozoen ist unbekannt.

Techniken der künstlichen Besamung

Die Techniken der künstlichen Besamung sind gut entwickelt und einfach. Die Fruchtbarkeit entspricht derjenigen nach natürlicher Verpaarung, und das sogar nach Besamung mit weniger Spermatozoen. Bei Rindern wird die Cervix durch die Enddarmwand hindurch so gehalten, daß eine Pipette in den Uterus eingeführt werden kann (Abb. 1-5). Der Samen wird meist direkt in den Uterus eingebracht. Gleich gute Ergebnisse werden aber erzielt, wenn der Samen in der Cervix deponiert wird. Bei Verwendung geringer Samenmengen ist eine intrauterine Besamung allerdings vorzuziehen. Meist wird 1,0 ml Samen verwendet, es werden aber auch schon mit nur 0,25 ml ausreichend gute Befruchtungsraten erreicht. Ähnlich verhält es sich mit der Zahl der Spermatozoen. Wenn auch die für eine optimale Fruchtbarkeit notwendige Spermatozoenzahl bei Rindern mit 10 Mio. angegeben wird, erhält man in einigen Inseminationszentren ausgezeichnete Ergebnisse mit nur 3–4 Mio. Spermatozoen pro Besamung. Somit können mit dem Ejakulat eines Bullen viele Hunderte Kühe besamt werden.

Bei Schafen kann man eine Pipette nicht durch die Cervix einführen, weil sie stark gefaltet und verschlossen ist. Deshalb wird der Samen hier mit einer am Vorderende gebogenen Pipette auf der Oberfläche der Cervix oder in der ersten Cervixfalte deponiert. Wahrscheinlich wegen dieser nur oberflächlichen Ablagerung des Samens sind beim Schaf sehr viel mehr Spermatozoen für eine optimale Fruchtbarkeit notwendig als beim Rind. Die erforderliche Spermienzahl von etwa 100 Mio. kann sehr einfach durch die Applikation geringer Mengen (0,05–0,1 ml) unverdünnten Samens erreicht werden.

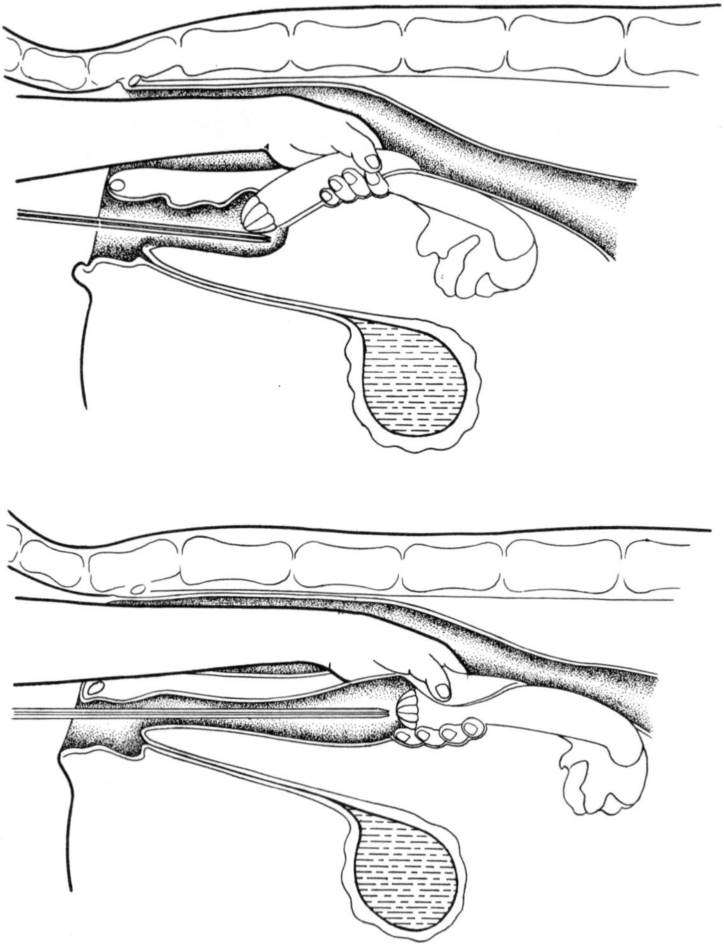

Abb. 1-5. Bei der künstlichen Besamung der Kuh wird die Cervix durch die Darmwand hindurch fixiert und eine Pipette in den Uterus eingeführt. Durch Zug an der Cervix wird die Vagina gestreckt (unteres Bild), dies erleichtert das Einführen der Pipette, was auf andere Weise nur unter Schwierigkeiten möglich ist (oberes Bild). (Nach G. W. Trimberger. In: *Reproduction in Farm Animals.* Ed. E. S. E. Hafez. Lea & Febiger, Philadelphia, Pa. Fig. 8-5, 1962).

Das Schwein benötigt ein großes Samenvolumen. Zur Zeit des Östrus ist die lange, mit vielen Leistenstrukturen besetzte Cervix des Schweines stark kontrahiert. Wie beim Schaf kann auch hier in der Regel eine Pipette nicht eingeführt werden. Es wurde deshalb ein Gummikatheter mit einer der Glans Penis des Ebers ähnlichen, korkenzieherartigen Spitze entwickelt, der so weit in die Cervix hineingeschraubt wird, bis er in den Leistenstrukturen hängen bleibt. Besamt wird dann mit 50–100 ml verdünntem Samen, der durch die wechselnden Muskelkontraktionen des Uterus direkt in diesen hineingelangt. Die zur optimalen Befruchtung notwendige Spermatozoenmenge beträgt minimal etwa 2 Mrd. Somit können mit der Samenmenge eines normalen Ejakulates nicht mehr als 20 bis 30 Sauen besamt werden.

Die Fruchtbarkeit beeinflussende Faktoren

Die Befruchtungsfähigkeit der Spermatozoen im weiblichen Genitaltrakt ist von begrenzter Dauer, und die Zeitspanne nach der Ovulation, in der die Befruchtung erfolgen muß, ist meist nur kurz. Deshalb ist der Zeitpunkt der Besamung für eine erfolgreiche künstliche Besamung äußerst wichtig. Der Zeitpunkt der Ovulation wird durch einen LH-Anstieg bei Beginn des Östrus kontrolliert. Experimente, bei denen LH kurz vor Beginn des Östrus injiziert wurde, haben ergeben, daß die

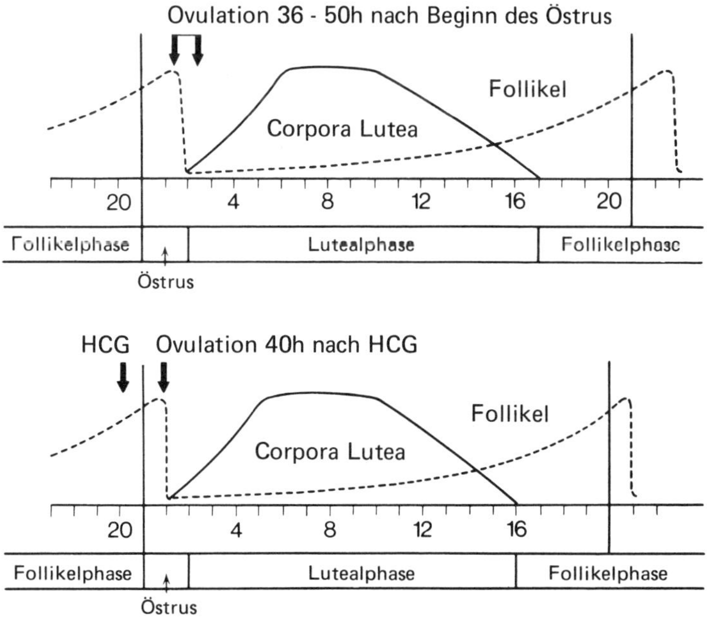

Abb. 1-6. Der Zeitpunkt der Ovulation im Verlaufe des normalen Östrus-Zyklus beim Schwein (oberes Bild) und nach HCG-Injektion (unteres Bild).

Ovulation zu einem recht genau bestimmbaren Zeitpunkt nach solchen Injektionen erfolgt: bei der Kuh nach 36–40 Stunden, beim Schaf und Schwein nach 24 bzw. 40–42 Stunden (Abb. 1-6). Der günstigste Zeitpunkt für die Besamung liegt 10–12 Stunden vor der Ovulation (Abb. 1-7). Bei Rindern dauert der Östrus etwa einen Tag. Die Ovulation erfolgt nach dem Ende des Östrus, so daß die Tiere gegen Ende des Östrus besamt werden müssen. Schafe sollten dagegen gleich am ersten Tag des Östrus besamt werden. Beim Schwein dauert der Östrus 2–3 Tage, hier können in Abhängigkeit vom Zeitpunkt der Besamung erhebliche Schwankungen in der Fruchtbarkeit auftreten (Abb. 1-7). Besamungen gleich zu Beginn des Östrus sind nicht so wirkungsvoll wie solche, die mehr zum Zeitpunkt der Ovulation hin erfolgen. Besamungen nach der Ovulation führen zu einem sehr deutlichen Abfall in Fruchtbarkeit und Wurfgröße. Das zeigt eine enge Korrelation zwischen dem Alter der Gameten einerseits und der Anzahl der befruchteten Eier sowie der Überlebensrate der Embryonen andererseits. Verspätete Besamung kann zur Befruchtung überalterter Eier führen und somit zu zahlrei-

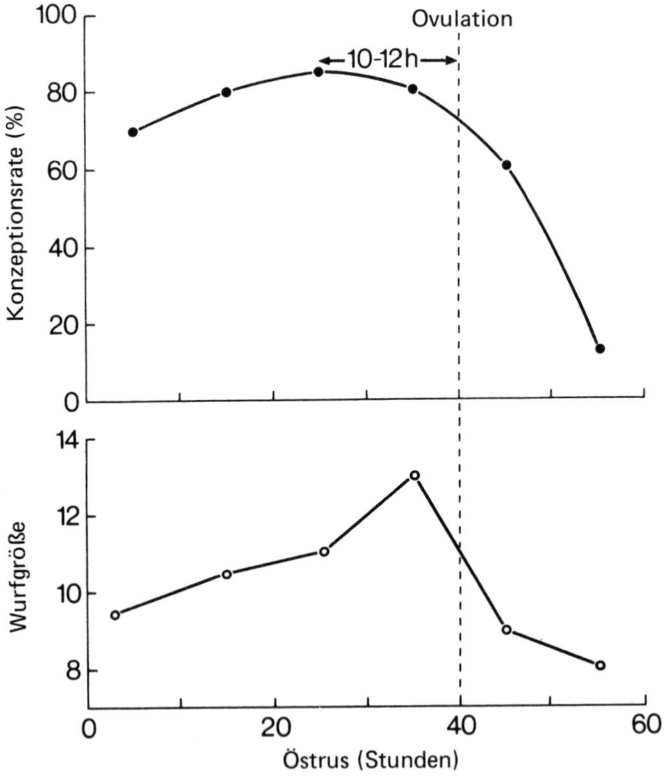

Abb. 1-7. Konzeptionsrate und Wurfgröße bei Schweinen, die zu verschiedenen Zeiten nach Beginn des Östrus und nach der vermuteten Ovulation künstlich besamt wurden. (Kurven nach Daten von J. Boender. *World Rev. Anim. Prod.* special issue 2, p. 29, 1966).

chen Entwicklungsstörungen, besonders zu Polyspermie (siehe Band 2, Kapitel 5).

Eine genaue Bestimmbarkeit des Östrus ist somit die Voraussetzung für eine erfolgreiche künstliche Insemination. Bei Milchkühen ist das nicht allzu schwierig, weil sie in der Regel ständig unter Aufsicht sind. Schwieriger ist es schon bei Fleischrindern, die unter extensiven Bedingungen gehalten werden. Bei Schafen wird ein vasektomierter Bock, der gut gekennzeichnet ist, mit einer Gruppe von Mutterschafen gemeinsam gehalten; die in Hitze befindlichen Schafe können so leicht erkannt werden. Wenn kein Eber zum Nachweis des Östrus zur Verfügung steht, können im Östrus befindliche Sauen an der Induzierbarkeit der typischen Östrus-Stellung oder des »Stillstehreflexes« durch Druck auf Hüften und Hinterteil erkannt werden. Dieser Reflex tritt normalerweise als Reaktion auf verschiedenartige, vom Eber ausgehende äußere Reize auf. Dabei ist auch der Geruch des Ebers bedeutsam. Die Hauptbestandteile des Eberduftstoffes sind die stark riechenden Steroide Androstenol und Androstenon, die in den Hoden reifer Männchen gebildet werden, aber auch in den Submaxillardrüsen vorkommen. Eberduft wird auch synthetisch hergestellt und ist als Aerosol-Spray erhältlich, das als Hilfsmittel bei der Erkennung des Östrus verwendet wird.

Verdünnung und Speicherung des Samens

Techniken zur Verdünnung und Speicherung von Samen stellen den größten Fortschritt bei der künstlichen Besamung dar. Samen, der kurz nach seiner Gewinnung verwendet werden soll, kann mit einfachen isotonen Medien verdünnt werden. Soll der Samen allerdings länger gespeichert werden, dann sollte das Verdünnungsmedium abgepuffert sein und möglichst einige für den Stoffwechsel der Spermien wichtige Stoffe enthalten. Vorrangig aber sollte ein solches Medium Substanzen zum Schutz gegen den sogenannten ›Verdünnungseffekt‹ auf die Spermatozoen enthalten. Gut geeignete Speichermedien enthalten in der Regel Eiweiß in einem einfachen Phosphat- oder Zitratpuffer. Zusatz von Eigelb oder Milch hat sich bei den meisten Arten als sehr günstig erwiesen. Eigelb und Milch bieten auch einen guten Schutz gegen schädliche Abkühlungseffekte. In solchen Medien kann Samen ohne Schaden auf wenig über 0 °C abgekühlt werden. Beweglichkeit und Stoffwechsel der Spermatozoen werden dabei reduziert, und die Lebensfähigkeit *in vitro* wird erheblich verlängert. Wenn auch die Befruchtungsfähigkeit im Verlaufe der Speicherung abnimmt, so kann doch abgekühlter Bullensamen mindestens drei Tage lang erfolgreich für künstliche Besamung verwendet werden. Die Ergebnisse mit gespeichertem Schafbocksamen sind dagegen nicht annähernd so gut. Es wurden auch Medien entwickelt, in denen Spermatozoen bei höheren Temperaturen gespeichert werden können. Eines der besten ist das sogenannte »IVT«-Medium, das einen hohen Gehalt an Bikarbonat hat und mit CO_2 gesättigt ist. Dieses Medium, in dem die Spermatozoen unbeweglich werden, ist besonders zur Speicherung von Ebersamen geeignet, der in unverdünntem Zustand eine Abkühlung unter 10 °C nicht verträgt. Ebersamen in IVT kann bei Temperaturen von 15–20 °C drei Tage lang für künstliche Besamung verwendet werden.

Bei allen diesen Methoden ist die Speicherungsdauer des Samens sehr begrenzt. Einen großen Fortschritt brachten Methoden, die eine lange Samenspeicherung bei sehr tiefen Temperaturen erlaubten. Normalerweise werden die Spermatozoen abgetötet, wenn der Samen eingefroren wird. Eine merkwürdige Ausnahme von dieser Regel bildet der menschliche Samen. Es ist schon lange bekannt, daß einige Spermatozoen den Einfrier- und Auftauvorgang überleben, selbst nach Einwirkung der äußerst tiefen Temperaturen verflüssigter Gase. Den Anstoß für weitere Entwicklungen gab die 1949 gemachte Entdeckung, daß Zusatz von Glyzerin die Spermatozoen gegen die abtötenden Effekte des Einfrierens und Auftauens schützt. 1952 gelang erstmals der Beweis, daß Bullensamen nach Einfrieren und Speicherung bei –79 °C in festem CO_2 seine Befruchtungsfähigkeit nicht verliert. Eine Aufbewahrung von Sperma in gefrorenem Zustand ist somit fast unbegrenzt möglich. In den letzten 15 Jahren verwendeten nahezu alle großen Rinderzuchtanstalten auf der ganzen Welt diese Methode. Die Einfrier- und Speicherungsmethoden sind inzwischen maximal verfeinert worden. Heute wird meist flüssiger Stickstoff (–196 °C) verwendet. Der Samen wird in Ampullen oder in Plastikröhrchen gespeichert. Neuerdings wird konzentrierter Samen in Form von Kügelchen in flüssigem Stickstoff gespeichert, die durch vorheriges Auftropfen des Samens auf festes CO_2 entstehen. Eine kleine Samenbank von bereits lange toten Bullen, die im Cattle Breeding Centre in Cambridge vor 20 Jahren angelegt wurde, zeugt bis auf den heutigen Tag von den ersten technischen Entwicklungen, die diese Revolution in der Rinderzucht ermöglichten.

Im Gegensatz zur Befruchtungskapazität gefrorenen Bullensamens ist diejenige gefrorenen Samens vom Schafbock nur sehr gering. Bis heute gibt es noch keine Möglichkeit, die Befruchtungsfähigkeit von Ebersamen durch Einfrieren zu erhalten. Einige neue Experimente mit Ebersamen haben gezeigt, daß aufgetauter Samen, wenn er wie üblich über die Cervix appliziert wird, nur wenige Eier befruchtet. Wird er aber mittels eines chirurgischen Eingriffs direkt in die Ovidukte gebracht, werden viele Eier befruchtet. Die Hauptschwierigkeit bei einer erfolgreichen Befruchtung mit gefriergespeichertem Samen vom Schwein scheinen mangelhafter Spermientransport und möglicherweise durch Membranschädigung bedingte schlechte Überlebensrate der Spermien im Uterus zu sein. Wenn auch viele Spermatozoen ihre Beweglichkeit nach dem Auftauen wiedererlangen, ist doch die Plasmamembran besonders im Bereich des Akrosoms häufig geschädigt. Die Spermienbeweglichkeit ist somit für die Befruchtungsfähigkeit möglicherweise kein verläßliches Kriterium.

Möglichkeiten für eine Geschlechtsbeeinflussung

Ein Aspekt bei der künstlichen Besamung hat die Wissenschaftler jahrelang besonders fasziniert, nämlich die Möglichkeit, eventuell das Geschlechtsverhältnis der Nachkommen beeinflussen zu können. Wenn X-und Y-Chromosomen enthaltende Spermatozoen voneinander getrennt werden könnten, wäre das kein Problem. Viele Methoden einschließlich der Elektrophorese, der Zentrifugation in Dichtegradienten und der Sedimentation sind bisher aber über erste Erfolge noch nicht hinausgekommen.

Steigerung der Fortpflanzungsrate beim Weibchen

Die Zahl der in den Ovarien vorhandenen Eizellen ist begrenzt. Nach der Geburt werden im Gegensatz zu den männlichen Keimzellen keine Eizellen mehr gebildet. Zudem sind die biologischen Systeme, die wir beim Weibchen kontrollieren wollen, sehr viel komplizierter als beim Männchen, und rasche Fortschritte sind deshalb bei der Kontrolle der Fortpflanzung beim Weibchen nicht zu erwarten. Dennoch gibt es aber auch hier Möglichkeiten der Beeinflussung, die im folgenden diskutiert werden sollen.

Verkürzung der Generationsfolge

Die Fähigkeit des Ovars, auf Gonadotropine zu reagieren, tritt schon lange vor Erreichen der Geschlechtsreife auf. So können etwa beim nur wenige Wochen alten Kalb durch Injektion von Serum-Gonadotropin trächtiger Stuten (PMS) Follikelwachstum und Ovulation induziert werden. Die ovulierten Eier können befruchtet werden, wenn Spermatozoen in den Genitaltrakt eingebracht werden, aber es kommt nicht zur Trächtigkeit. Ähnlich kann bei jungen Schweinen die Ovulation schon im Alter von 10–14 Wochen induziert werden. Der Genitaltrakt wächst dann unter dem Einfluß der ovarialen Steroidhormone schnell heran, und es kann eine Befruchtung erfolgen. Das Fehlen einer voll funktionsfähigen Hypophyse führt allerdings nach 16 Tagen zur Rückbildung der Corpora lutea und zu einer Beendigung der Trächtigkeit. Man könnte versuchen, die Corpora lutea durch Behandlung mit gonadotropen Hormonen funktionsfähig zu erhalten oder die Trächtigkeit durch Gaben exogener ovarialer Steroidhormone aufrechtzuerhalten. Wenn auch bei jungen Schweinen mit beiden Methoden bereits erste Erfolge erzielt werden konnten, können sie in der landwirtschaftlichen Praxis noch nicht angewendet werden. Die Eizellen, die nach induzierten Ovulationen von jungen Tieren gebildet werden, sind aber offenbar normal, und der Generationsabstand könnte durch Implantation dieser Eier in geschlechtsreife Tiere verkürzt werden.

Der Abstand zwischen zwei aufeinanderfolgenden Trächtigkeiten wird bei einigen Arten durch eine Periode des Anöstrus verlängert, die durch die Laktation bedingt ist. Das Schwein ist dafür ein besonders gutes Beispiel. Hier könnte eine erhebliche Zunahme der Vermehrungsrate dadurch erreicht werden, daß bereits kurz nach der Geburt der Jungen wieder eine Trächtigkeit induziert werden könnte; aber bis jetzt ist das ohne Erfolg geblieben. Man versucht auch, die jungen Schweine sehr früh zu entwöhnen, aber die Zeit zwischen Entwöhnung und Östrus ist sehr variabel.

Die meisten Schafrassen der nördlichen Hemisphäre haben eine lange Periode des Anöstrus vom späten Frühjahr bis in die Sommermonate hinein. Dieser Anöstrus wird durch die Zunahme der Tageslänge induziert, und bei einigen Rassen kann durch kontrollierte Belichtung der Östrus auch im Sommer induziert werden, die Ergebnisse sind jedoch sehr unterschiedlich. Behandlung mit Steroiden und gonadotropen Hormonen dürfte hier erfolgreich sein (siehe unten).

Kontrolle von Östrus und Ovulation

Die Dauer des Östrus bei Rindern und Schweinen beträgt 21 Tage und bei Schafen 16 Tage. In einer Herde geschlechtsreifer Tiere beginnen die Zyklen zufällig und unabhängig voneinander. Die Bemühungen, den Fortpflanzungszyklus zu kontrollieren, richten sich zunächst auf eine Synchronisation des Östrus in einer Herde, damit Paarung oder künstliche Besamung zu einer vorherbestimmbaren Zeit erfolgen können.

In den letzten 20 Jahren wurden in der pharmakologischen Kontrolle von Östrus und Ovulation bei Haustieren große Fortschritte gemacht. Die meisten der heute verwendeten Methoden beruhen auf dem Einsatz von Hypophysenhemmern und gonadotropen Hormonen.

Leider ist es unpraktikabel, die Ovulation bei Tieren mit zyklischem Fortpflanzungsverhalten durch Gaben von gonadotropen Hormonen zu induzieren. Die Ovulation kann in jedem beliebigen Stadium des Zyklus induziert werden, die Fruchtbarkeit ist aber immer dann beeinträchtigt, wenn sich bereits ein aktives Corpus luteum im Ovar befindet und eine hohe Progesteronkonzentration das Reproduktionssystem in der Lutealphase beherrscht. Sie führt zu Störungen bei der Befruchtung und beim Keimzellentransport sowie zu einer erhöhten Infektionsanfälligkeit des Uterus. Zu einer Befruchtung kann es nur kommen, wenn die gonadotropen Hormone in der Follikelphase des Zyklus gegeben werden.

Wenn die Corpora lutea durch einen einfachen Eingriff zerstört werden könnten, wäre ein großer Schritt in Richtung auf eine Synchronisation der Östrus-Zyklen getan. Bei Rindern kann das Corpus luteum mittels rektaler Palpation aus dem Ovar herausgedrückt werden. Nach diesem Eingriff kommen die meisten Tiere nach einigen Tagen wieder in den Östrus. Diese Technik wird zwar in der Praxis angewandt, kann aber zu Verletzungen des Tieres führen. Bis jetzt sind die Bemühungen, durch Injektion von Hormonen eine Rückbildung des Corpus luteum zu induzieren, meist erfolglos geblieben. Solange man nicht eine Substanz gefunden hat, die direkt auf das Ovar im Sinne einer Unterdrückung der Gelbkörperfunktion hinwirkt, ist wohl kaum mit einem Fortschritt zu rechnen, vielleicht könnten die Prostaglandine hier einmal von Bedeutung sein.

Die einzige Technik, die einigen Erfolg für ihre praktische Anwendbarkeit bei der Östrussynchronisation verspricht, beruht auf der Verwendung von Hypophysenhemmern. Hierbei werden Östrus und Ovulation zeitweise völlig blockiert in der Hoffnung, daß die normale Ovarialaktivität nach Entfernung des Blocks bald wieder einsetzt. Alle Tiere würden dann den Zyklus etwa gleichzeitig beginnen, und der Östrus wäre synchronisiert. Ein solches Ergebnis wurde zuerst mit Progesteron erreicht. Wird dieses Hormon Schafen oder Rindern täglich injiziert, kommt es zu einer »künstlichen lutealen Phase«, und nach Behandlungsende ist ein Großteil der Tiere innerhalb von 2–3 Tagen in Hitze. Dieses Verfahren erfordert eine wiederholte Hormoninjektion und ist somit sehr teuer. In den letzten Jahren hat sich das Interesse auf den Gebrauch von hochaktiven, synthetischen progesteronartigen Substanzen gerichtet, die oral oder in Form von Depotpräparaten verabreicht werden. Hier wurde der Fortschritt durch die Entwicklung von Progesteronanalogen für kontrazeptive Zwecke beim Menschen stark vorangetrieben. Einige dieser oral wirksamen Kontrazeptiva sind bei der Synchronisation des Östrus bei Rind und Schaf äußerst wirksam. Der »Endpunkt« der Synchronisation ist abhängig von der Schnelligkeit des Abklingens der Progestagenwirkung, etwas variabel; einige Verbindungen sind in dieser Hinsicht besser geeignet als andere. Aber selbst wenn eine gute Synchronisation des Östrus nach Behandlungsende erreicht wird, ist die Fruchtbarkeit vermindert, wenn die Tiere im ersten kontrollierten Östrus verpaart oder künstlich besamt werden. Der Hauptgrund dafür ist noch unbekannt. Bei Schafen gibt es einige Hinweise darauf, daß der Spermientransport nach der Progestagenbehandlung gestört ist. In der zweiten Östrusperiode nach der Behandlung ist die Fruchtbarkeit wieder normal. Wenn die Tiere erst einmal synchronisiert sind, bleiben sie es auch in den folgenden Zyklen. Schwierigkeiten, die bei der Fruchtbarkeit auftreten, haben eine allgemeine Verbreitung solcher Methoden bisher verhindert.

Etwas bessere Ergebnisse werden bei Schafen erreicht, wenn das Progestagen in einem Vaginaltampon appliziert wird. Das Progestagen ist in einem Plastikschwamm verteilt, der es langsam an seine Umgebung abgibt. Das Progestagen wird durch die Vaginalwand absorbiert, und wenn der Tampon nach 14 Tagen entfernt wird, hört die Hormonwirkung plötzlich auf. Die Synchronisation des Östrus ist bei dieser Methode gut, es kommt aber auch hier noch zu Schwierigkeiten bei der Fruchtbarkeit. Wenn diese Schwierigkeiten überwunden sind, werden Progestagene nicht nur bei der Kontrolle des Östrus von Schafen, die sich ohnehin in der Fortpflanzungsperiode befinden, verwendet werden, sondern auch bei der Induktion der Fortpflanzung während der Periode des Anöstrus. Wird die Ovulation während des Anöstrus mit Gonadotropinen induziert, kommt es nur selten zu einem Östrus. Wird das Tier aber zunächst mit Progesteron »eingestellt« und wird dann PMS injiziert, dann wird beides, Ovulation und Östrus, induziert.

Bei der Synchronisation des Östrus von Schweinen ist Progesteron oder synthetisches Progestagen weniger wirksam als bei Schafen und Rindern. Östrus und Ovulation können zwar durch Progestagene blockiert werden, aber während oder nach der Behandlung entwickeln sich je nach der Hormondosis viele Follikelzysten. Unter diesen Umständen ist die Ovulation nur schlecht synchronisiert, und die Fruchtbarkeit ist gering. Beim Schwein wurden die besten Erfolge mit einem Hypophysenhemmer nicht steroidaler Natur, dem Methallibur (oder ICI 33828; siehe Kapitel 3) erzielt. Eine Zufallsentdeckung ergab, daß dieses Hydrazinderivat bei Ratten die Ausschüttung von Gonadotropinen aus der Hypophyse hemmt. Weitere Experimente zeigten, daß Methallibur bei zyklischen Schweinen äußerst wirksam Östrus und Ovulation zu hemmen vermag. Tägliche orale Gaben von Methallibur unterdrücken Wachstum und Reifung der Follikel vollständig, beeinflussen die Corpora lutea aber nicht. Nach Behandlungsende setzt das Follikelwachstum wieder ein, und es kommt zum Östrus und zur spontanen Ovulation, Follikelzysten traten nicht auf. Da die Aktivität der Corpora lutea nicht beeinflußt wird, muß die Behandlung während eines ganzen Fortpflanzungszyklus erfolgen. In der Praxis wird Methallibur 20 Tage lang täglich verabreicht. Nach Absetzen der Substanz ist der Östrus gut synchronisiert: etwa 80 % der Tiere kommen zwischen dem 5. und 7. Tag in Hitze (Abb. 1-8). Wenn in dieser Zeit künstliche Besamung erfolgt, sind Fruchtbarkeit und Wurfgröße normal.

Die genaue Wirkung von Methallibur ist noch nicht bekannt, wahrscheinlich wirkt es auf den Hypothalamus. Es gibt Hinweise darauf, daß es auch die Ausschüttung von Oxytocin und das Einschießen der Milch ins Euter hemmt, zusätzlich kann die Nahrungsaufnahme vermindert sein. Wird Methallibur an trächtige Tiere verfüttert, kann es zu teratogenen Effekten kommen. Die schädlichen Nebenwirkungen schränken die Anwendbarkeit des Methallibur als Östrussynchronisator beim Schwein erheblich ein, dennoch wird es in der Praxis verwendet. Der Grund, warum es bei Schweinen so viel besser wirkt als Progestagene, liegt wahrscheinlich an seiner Fähigkeit, bei dieser Art die Hypophysenaktivität besser unterdrücken zu können. Auch hat es keine direkte Wirkung auf den weiblichen Genitaltrakt, die zu verminderter Fruchtbarkeit führen könnte. Leider wirkt es bei Schafen und Rindern nach oraler Applikation zu toxisch.

Inzwischen ist die Technik der Östrussynchronisation bei Schweinen noch verfeinert worden. Die geringfügige Variation in der Follikelentwicklung nach Absetzen des Methalliburs kann durch PMS-Injektion einen Tag nach Ende der Methalliburbehandlung umgangen werden. Vier Tage danach wird eine HCG-Injektion gegeben, die bei allen Tieren nach 40–42 Stunden die Ovulation induziert. Eine derart genaue Ovulationssynchronisation bedeutet, daß künstliche Besamung an einem vorherbestimmbaren Termin ausgeführt werden kann. Ausgezeichnete Ergebnisse können so erzielt werden, und es ist unnötig geworden, den Östrus zu bestimmen.

Methallibur ist allerdings vom Hersteller aus dem Handel gezogen worden, denn es hat nach Applikationen an tragenden Sauen teratogene Wirkungen gezeigt. Ein derartiges Risiko ist für schwangere Frauen, die Fleisch von behandelten Schweinen essen, allerdings sehr gering. Die Substanz wird schnell wieder ausgeschieden, und eine Frau müßte schon ein ganzes Schwein essen, um die Dosis aufzunehmen, die bei Schweinen teratogen wirkt. Dennoch ist ein Risiko vorhanden, denn einige Frauen oder ihre Embryonen könnten ungewöhnlich sensibel gegen Methallibur sein. Die Erfahrung mit Methallibur zeigt deutlich, wie notwendig weitere Forschungen sind, aber auch, wie genau die Sicherheitsbedingungen bei der Untersuchung neuer Substanzen eingehalten werden müssen.

Superovulation und Kapazität des Uterus

Die Behandlung mit exogenen Gonadotropinen zur Induktion der Ovulation wird heute überall bei Nutztieren angewendet. Durch eine Steigerung der Gonadotropindosen kann die Zahl der Ovulationen deutlich über das normale Maß hinaus erhöht werden. Eine solche »Superovulation« könnte für eine Steigerung der Fortpflanzungskapazität nutzbar gemacht werden. Leider ist die Anwend-

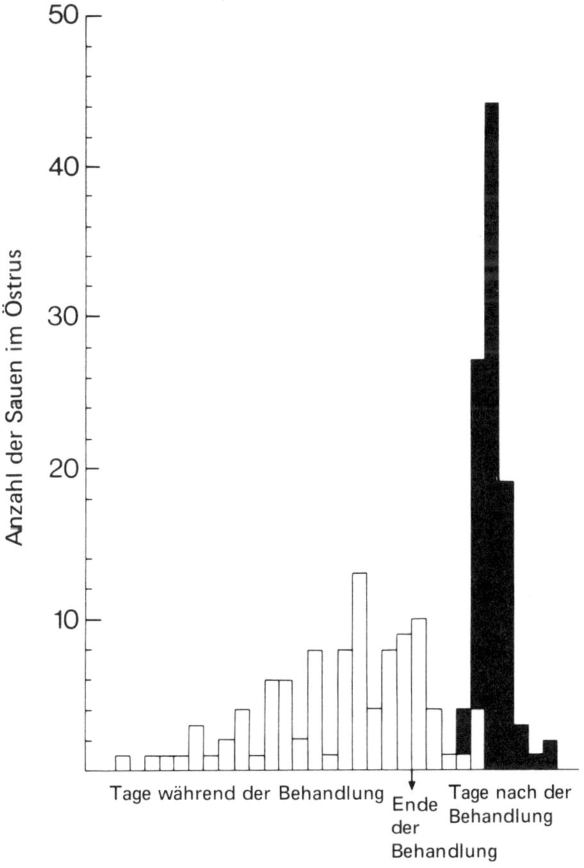

Abb. 1-8. Synchronisation des Östrus bei Schweinen mit Methallibur. Weiße Säulen: Östrus unterdrückt, schwarze Säulen: Tiere im Östrus (Nach C. Polge. *Vet. Rec.* **77**, 232. Fig. 3, 1965).

barkeit nur begrenzt und mit Schwierigkeiten verbunden. Das größte Problem ist, daß die Reaktion des Ovars sehr variabel ist und daß die Ovulationsrate nicht genau kontrolliert werden kann. Bei Rindern wäre es erstrebenswert, die Ovulation auf zwei Eier zu steigern, also Zwillingsgeburten zu induzieren. Die Reaktion auf PMS ist dagegen häufig zu stark, und wenn zu viele Eier ovuliert werden, ist die Befruchtung in der Regel beeinträchtigt. Der Eitransport durch die Ovidukte wird beschleunigt, und das kann zum frühen Absterben der Embryonen führen. Ein anderes, erst jetzt entdecktes Problem besteht darin, daß zwei Ovulationen in einem Ovar meist zur Implantation der Embryonen in einem Uterushorn führt. Eine Art »intrauteriner Wettstreit« führt häufig zum Absterben eines der beiden Embryonen.

Einige Schafrassen könnten sich für die Anwendung einer leichten Superovulation besser eignen. Bei der Romney-March-Rasse wird häufig nur ein Ei ovuliert, die Fruchtbarkeit ist also sehr gering. Transplantationsexperimente mit Eiern haben ergeben, daß diese Schafe ohne weiteres mindestens zwei oder auch drei Junge austragen können. Ihre Vermehrungsrate wird somit nur durch die Rate der Ovulationen und nicht durch die Uteruskapazität begrenzt.

Bei allen Arten ist die Fähigkeit des Uterus, zusätzliche Embryonen bis zur Geburt aufzunehmen, der begrenzende Faktor nach der Induktion einer Superovulation. Die durchschnittliche Wurfgröße kann bei Schweinen durch Superovulation leicht erhöht werden. Zu starke Superovulation kann zu hohen Embryonalverlusten und zu einer Reduktion der Wurfgröße führen. Wenn beim Schwein mittels Eitransplantation die Anzahl der Embryonen verdoppelt wird, verläuft die Trächtigkeit 30–40 Tage lang normal. Danach sterben viele Föten ab, und der Wurf ist schließlich nicht viel größer als normal. Es ist interessant, daß der Mensch in dieser Hinsicht offenbar anders reagiert. Die ansteigende Rate von Mehrlingsgeburten nach Behandlung mit exogenen Gonadotropinen weist auf eine erstaunliche Kapazität des menschlichen Uterus hin.

Bei Schweinen gibt es auch einen Mechanismus, der die Wurfgröße nach unten begrenzt. Wenn weniger als vier befruchtete Eier in den Uterus gelangen, wird die Trächtigkeit bei den meisten Tieren nicht aufrechterhalten, weil sich die Corpora lutea zurückbilden. Zwischen dem 10. und 12. Trächtigkeitstag muß, wenn die Gelbkörperproduktion verhindert werden soll, der größte Teil des Uterus mit Embryonen besetzt sein. Normalerweise sorgen Mechanismen der Wanderung und räumlichen Zuordnung der Embryonen im weiblichen Genitaltrakt dafür, daß lokale luteolytische Effekte verhindert werden. Wenn aber eine sehr geringe Anzahl von Embryonen vorhanden ist, ist dieser Mechanismus offensichtlich gestört (siehe Band 3, Kapitel 3 und 4).

Transplantation von Embryonen

Die Transplantation von Embryonen gehört heute zu den Routinetechniken beim Studium der Vermehrungsvorgänge von Nutztieren. Es wird allerdings noch lange dauern, bis auch die Eitransplantation in der Praxis zur Ausnutzung der genetischen Potenz des Weibchens ähnlich wie die künstliche Besamung Anwendung finden wird.

Die Eitransplantation erfordert einen chirurgischen Eingriff, ist aber dennoch recht einfach. Besonders gute Ergebnisse werden bei Rindern, Schafen und Schweinen erzielt. Hier werden die Embryonen erst in der Zeit zwischen dem 10. und 14. Trächtigkeitstag implantiert. Sie leben also eine recht lange Zeit frei im Uterus, und in dieser Zeit können sie gewonnen und transplantiert werden. Die Embryonen werden mit physiologischen Medien aus dem Genitaltrakt herausgespült. Die Transplantation erfolgt dann mit einer dünnen Pipette in den Eileiter oder durch die Wand des Uterus gleich an eine geeignete Stelle. In den ersten 3 Tagen nach der Ovulation bleiben die Embryonen von Rindern und Schafen im Eileiter, erst im 8- oder 16-Zell-Stadium gelangen sie in den Uterus. Bei Schweinen sind sie schon im 4-Zell-Stadium etwa 48 Stunden nach der Ovulation im Uterus. Die besten Transplantationsergebnisse werden erreicht, wenn sich das Empfängertier im gleichen Zyklusstadium wie das Spendertier befindet. Aus diesem Grunde sind hier die Techniken der Östrussynchronisation sehr wichtig. Leichte Östrusunterschiede werden toleriert, wenn aber Empfänger- und Spendertier sich mehr als 2 Tage im Zyklus unterscheiden, kommt es meist nicht mehr zu einer Trächtigkeit . Bei Schafen sind erfolgreiche Transplantationen mit bis zu 12 Tage alten Embryonen durchgeführt worden, bei älteren Embryonen werden die Corpora lutea der aufnehmenden Tiere nicht aufrechterhalten. Beim Schwein wachsen die Embryonen normal weiter, wenn sie bis zum 5. Tag nach der Ovulation transplantiert werden. Transplantation älterer Embryonen führt zu immer höheren Absterberaten. Nach dem 8. Embryonaltag ist eine Transplantation kaum noch erfolgreich (Tab. 1-2).

Die Transplantation vom Embryonen könnte für die Praxis mehrere Vorteile bringen. Einer der wichtigsten wäre die Möglichkeit, Embryonen von genetisch hochwertigen Tieren auf solche zu übertragen, die selbst genetisch weniger wertvoll sind. So könnte eine schnelle Vermehrung geeigneter Rassen erreicht wer-

Tabelle 1-2. Ergebnisse der Blastozystentransplantation bei Schweinen

Zeit der Transplantation* Spender→Empfänger	Anzahl der transplantierten Blastozysten	Anzahl der lebenden Embryonen	Überlebende (%)	Trächtige Tiere (%)
6→6	86	34	40	63
7→7	87	27	31	75
8→8	79	9	11	75
9→9	86	7	8	37
7→6	80	7	9	37

*Die Zeit der Transplantation gibt an, wieviele Tage zwischen dem Beginn des Östrus im Spender und demjenigen im Empfänger lagen

den. Das wäre besonders bei Schafen und Rindern wichtig, deren normale Vermehrungsrate gering ist und bei denen somit die Möglichkeiten für eine genetische Selektion begrenzt sind. Die Durchführbarkeit solcher Methoden wurde bereits durch die erfolgreiche Transplantation von Embryonen eines Mutterschafes auf mehrere Empfängertiere demonstriert (Abb. 1-9). Eine andere interessante Anwendungsmöglichkeit ist die Induktion von Zwillingsgeburten bei Rindern. Wir wissen, daß Superovulation hierfür nicht geeignet ist, besonders deshalb, weil Ovulationen in einem Ovar auch zur Implantation in nur einem Uterushorn führen. Unter solchen Bedingungen ist aber die Rate von Zwillingsgeburten niedrig. Wenn in jedes Uterushorn ein Embryo transplantiert wird, entwickeln sich beide normal, und bei einem hohen Prozentsatz der so behandelten Kühe kommt es zu Zwillingsgeburten.

Solange chirurgische Eingriffe für die »Inovulation« notwendig sind, wird trotz der günstigen Perspektiven die Technik der Embryotransplantation kaum Eingang in die Praxis finden. Bei Schaf und Schwein können die Embryonen nicht durch die Cervix eingeführt werden, da sie zu eng ist. Möglicherweise kann hier durch den Einsatz eines Laparoskops der chirurgische Eingriff so klein wie möglich gehalten werden. Bei Rindern ist das Einführen eines Katheters durch die Cervix sehr einfach, hier bietet sich die Möglichkeit, eine Technik ohne jeden chirurgischen Eingriff zu entwickeln. Leider sind Experimente zur Transplantation von Embryonen durch die Cervix bisher nicht sehr erfolgreich gewesen. Erste Versuche hierzu verliefen negativ, dann fand man aber, daß radioaktive Kunststoffkugeln, die Eigröße hatten, nachdem sie über die Cervix in den Uterus eingebracht worden waren, schon in kurzer Zeit wieder in die Vagina abgestoßen wurden. Offenbar lösen Manipulationen an der Cervix oder die Einführung eines Katheters in den Uterus starke Uteruskontraktionen aus. Ein Teilerfolg zur Lösung des Problems wurde durch Einleiten von CO_2 in den Uterus gleich nach der Transplantation erreicht. Wahrscheinlich dämpft das Gas die Aktivität der Uterusmuskulatur. Aber höchstens 30 % der Kühe wurden nach einer solchen Implantationstechnik trächtig.

Abb. 1-9. Alle 11 Lämmer sind Nachkommen nur eines Mutterschafes, dessen Eier in mehrere Empfängertiere implantiert wurden, in denen sie sich bis zur Geburt entwickelten. (Nach L. E. A. Rowson. *Outlook on Agriculture* **6**, 108. Fig. 2, 1970).

Versorgung mit Embryonen und deren Aufbewahrung

Selbst wenn einfache, nicht chirurgische Techniken vorhanden wären, müßten noch eine Reihe anderer Probleme gelöst werden, bevor Embryotransplantationen routinemäßig durchgeführt werden könnten. Es müßte nicht nur eine ständig zugängliche Versorgungsquelle von Embryonen vorhanden sein , sondern die Embryonen müßten auch *in vitro* gespeichert werden können. Die Versorgung mit Embryonen könnte mit Hilfe der Superovulation gesichert werden. Eine andere Möglichkeit wäre die Gewinnung einer großen Anzahl unreifer Oocyten aus den Ovarien von Spendertieren. Diese Oozyten könnte man *in vitro* reifen lassen und danach vor der Implantation in Aufnahmetiere auch *in vitro* befruchten. Primäre Oocyten von Rindern, Schafen und Schweinen reifen in einfachen Kulturmedien. Bis jetzt sind allerdings nach Implantation derartiger Eier in Aufnahmetiere keine lebenden Jungen geboren worden. Versuche zur Befruchtung *in vitro* sind bei diesen Arten bisher wenig erfolgreich.

Bessere Ergebnisse wurden bei der Speicherung von Embryonen erzielt. Embryonen im 8-Zell-Stadium von Schaf und Schwein furchen sich in der Kultur weiter bis zur Blastozyste. Beim Schwein entwickeln sich Embryonen, die 2 Tage lang in Kultur gehalten wurden, nach Transplantation in ein Aufnahmetier normal. Trotz dieser vielversprechenden Ergebnisse sind die Kulturtechniken noch lange nicht perfektioniert. Für die Praxis wurde der Entdeckung besondere Bedeutung beigemessen, daß sich Embryonen von Rindern, Schafen und Schweinen in den Ovidukten pseudoträchtiger oder im Östrus befindlicher Kaninchen weiterentwickeln. Erfolgreiche Trächtigkeiten sind bei Aufnahmetieren erreicht worden, denen Embryonen implantiert wurden, die vorher 3 Tage in einem Kaninchen »kultiviert« worden waren. Die Verwendung des Kaninchens als transportables Kulturgefäß hat den Export von Schafembryonen von England nach Südafrika und Japan ermöglicht.

Am besten wäre es, wenn Eier oder Embryonen im gefrorenen Zustand am Leben erhalten werden könnten. Ovarstücke von der Ratte, die nach Glyzerinbehandlung auf –79 °C eingefroren wurden, waren nach Auftauen und Implantation in Aufnahmetiere wieder funktionsfähig. Wenn auch viele Oocyten die Behandlung nicht überstanden, so blieben doch einige am Leben. Derartige Methoden könnten in der Zukunft auch bei Nutztieren angewandt werden, allerdings erst nach einer weiteren Verbesserung der Implantationsmethoden und der immunologischen Kontrolle. Vielversprechende Ergebnisse auch im Hinblick auf ihre mögliche Anwendbarkeit auf Nutztiere sind an Mäusen erzielt worden. Embryonen, die 30 Minuten lang auf –79 °C eingefroren waren, wurden nach dem Auftauen in die Uteri von Empfängertieren gebracht und entwickelten sich normal weiter.

Heutzutage wird viel über die Gefahren der Bevölkerungsexplosion und über die Notwendigkeit einer Einschränkung der Vermehrungsrate des Menschen diskutiert. Besonders in Weltgegenden, in denen täglich viele Menschen verhungern, ist eine Fruchtbarkeitskontrolle besonders wichtig. Dennoch sollte gerade in diesem Zusammenhang auf unsere Möglichkeiten und Aussichten hingewiesen werden, mehr Nahrung zu produzieren. Dabei ist von ausschlaggebender Bedeutung, daß Forschungsprogramme zur Entdeckung weiterer Möglichkeiten für eine zunehmende Tierproduktion unterstützt werden. Die Behauptung, eine Hungerkatastrophe von riesigen Ausmaßen könne verhindert werden, ist allerdings jetzt schon begründbar.

Ergänzende Literatur

The Semen of Animals and Artificial Insemination. J. P. Maule. Farnham Royal, Bucks, England; Commonwealth Agricultural Bureaux (1962).

Reproduction in Farm Animals, 2nd edition. E. S. E. Hafez. Philadelphia; Lea & Febiger (1968).

Reproduction in Domestic Animals, 2nd edition. H. H. Cole and P. T. Cupps. New York; Academic Press (1969).

The Control of the Ovarian Cycle in the Sheep. Ed. T. J. Robinson. Sydney University Press (1967).

Reproduction in the Female Mammal. Ed. G. E. Lamming and E. C. Amoroso. London; Butterworths (1967).

The science of reproduction. T. Mann. *Nature, London* **224**, 649 (1969).

The role of reproductive research in animal production. The Second Hammond Memorial Lecture. L. E. A. Rowson. *Journal of Reproduction and Fertility* **26**, 113 (1971).

Production of twins in cattle by egg transfer. L. E. A. Rowson, R. A. S. Lawson and R. M. Moor, *Journal of Reproduction and Fertility* **25**, 261 (1971).

Advances in reproductive physiology in pigs. C. Polge. *Journal of the Australian Institute of Agricultural Science* **35**, 147 (1969).

Synchronization of ovulation and artificial insemination in pigs. C. Polge, B. N. Day and T. W. Groves. *Veterinary Record* **83**, 136 (1968).

2 Begrenzung der menschlichen Fortpflanzungskapazität

D. M. Potts

Menschliche Populationen unterscheiden sich im Hinblick auf ihre Fruchtbarkeit und Sterblichkeit. Die Fortpflanzungsraten ändern sich meist langsam, die Sterblichkeitsrate kann plötzlichen Schwankungen unterliegen. In der geschichtlichen und vorgeschichtlichen Zeit lag die Zuwachsrate der menschlichen Bevölkerung in der Regel unter 1 % pro Jahr. Periodisch ansteigende Sterblichkeitsraten etwa nach einer Mißernte oder einer Epidemie konnten die durchschnittlichen Zuwachsraten weit unter diesen Wert herabdrücken. Im 20. Jahrhundert haben die Zuwachsraten stark zugenommen, in einigen Ländern liegen sie über 3 % pro Jahr –, eine Rate, die sicherlich nicht über viele Generationen aufrechterhalten werden kann. Der Grund ist nicht eine höhere Geburtenrate, sondern eine höhere Überlebensrate der Neugeborenen. Das in neuerer Zeit in so vielen Ländern typische Absinken der Sterberaten beruht im wesentlichen auf dem Absinken der Säuglings- und Kindersterblichkeit.

Die Kontrolle der menschlichen Fruchtbarkeit ist ein schwieriges biologisches Problem, das zudem noch durch kulturell bedingte, oft irrationale Komplikationen belastet ist.

Gefahr für die Erdbevölkerung

Unter Fekundität des Menschen versteht man seine biologische Fortpflanzungskapazität, während mit Fertilität die tatsächliche Geburtenzahl gemeint ist. Nur in ganz seltenen Ausnahmen sind Fertilität und Fekundität nahezu gleich. Wenn sich der Mensch auch das ganze Jahr über fortpflanzen kann, so ist doch die jeweilige Häufigkeit der Schwangerschaften durch biologische und soziale Faktoren begrenzt (Abb. 2-1), die oft untereinander in Wechselwirkung stehen.

In vielen entwickelten Ländern ist das Pubertätsalter abgesunken, und das Alter der Menopause ist gleichzeitig angestiegen, die fruchtbaren Jahre der Frau haben somit zugenommen. In den fruchtbaren Jahren der Frau können endokrine Störungen, Erbkrankheiten und Chromosomenaberrationen in erheblichem Ausmaß zur Unfruchtbarkeit führen. Die Krankheiten des Genitaltraktes, wie Tuberkulose, beim Koitus übertragene Krankheiten und bakterielle Infektionen nach der Geburt, sind nicht selten. Etwa die Hälfte aller befruchteten Eier werden wahrscheinlich nicht implantiert, und mehr als 20 % aller Schwangerschaften enden als Spontanaborte. Bemerkenswert ist auch der ungewöhnlich große Anteil (10–15 %) abnormer Spermatozoen im menschlichen Samen.

Die Häufigkeit primärer Unfruchtbarkeit bei Männern und Frauen, die also von der ersten sexuellen Betätigung an steril sind, ist besonders bei Frauen altersabhängig. Dieses Phänomen fällt mit sozialen Bräuchen zusammen, die das Heiratsalter betreffen. Sekundäre Unfruchtbarkeit bei Ehepaaren, das Ausbleiben von weiteren Nachkommen nach einer oder mehreren Schwangerschaften, beruht häufiger auf Fehlfunktionen der Frau als des Mannes und ist oft durch Infektionen nach der Geburt oder nach einer Abtreibung bedingt. Die meisten postabortiven Infektionen sind die Folge einer Abtreibung, so daß auch hier wieder soziale und biologische Faktoren miteinander in Wechselwirkung stehen. Schließlich bleibt eine Unfruchtbarkeit vor der Ehe oft unerkannt, so daß bei Völkern mit lebenslanger Ehe primär sterile Frauen oft mit fertilen Männern und umgekehrt sterile Männer mit fertilen Frauen verheiratet sind. In Großbritannien und in Amerika sind 7–10 % der Ehen unfruchtbar. Diese Unfruchtbarkeit ist teilweise gewollt oder mag auch in den ersten Ehejahren durch kontrazeptive Praktiken entstanden sein. Bei den Amisch oder den Hutteriten, bei denen Kontrazeption kaum vorkommt und bei denen die Frauen etwa mit 21 Jahren heiraten, sind nur 3–4 % der Ehen unfruchtbar.

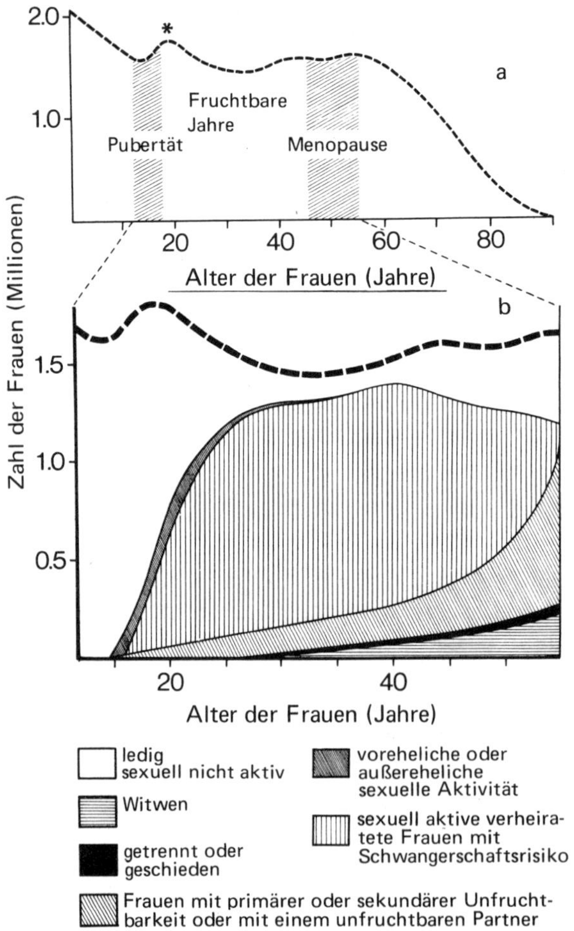

Abb. 2-1. a: Altersverteilung der Frauen in England und Wales im Jahre 1966. Beachte den Nachkriegsanstieg (*) in der Häufigkeit der gerade fruchtbar werdenden Frauen.
b: Frauen mit »Schwangerschaftsrisiko« in den »fruchtbaren« Jahren. Die Zahl der verheirateten, ledigen, verwitweten und geschiedenen Frauen stammt aus Bevölkerungsstatistiken. Die Häufigkeiten der vor- und außerehelichen sexuellen Aktivitäten sowie der unfruchtbaren Frauen wurde geschätzt. Die Anzahl der unfruchtbaren Frauen beinhaltet auch diejenigen in der Menopause, das erklärt den starken Anstieg der Kurve nach 45 Jahren.

Die Zahl der Frauen mit regelmäßigem Geschlechtsverkehr wird stärker durch soziale als durch biologische Faktoren begrenzt. In fast jeder Gemeinschaft ist die Familie die Basiseinheit. Bei einigen sozialen Verbänden – wie etwa den Hindu- oder Moslem-Gemeinschaften in Indien oder bei christlichen Gemeinschaften in Äthiopien – wird die Hochzeit bereits vor der Pubertät beschlossen, sexuelle Beziehungen beginnen etwa zum Zeitpunkt der Menarche (Beginn der Menstruation), die Ehe ist hier universal verbreitet. Oft ist dieser Brauch mit einer ausgedehnten Familie verbunden, in der Geschwister, deren Ehepartner und Kinder in einer Hausgemeinschaft leben. In anderen Kulturen wird der Geschlechtsverkehr nach Beginn der Geschlechtsreife der Frau noch einige Zeit hinausgezögert. Dabei spielen soziale und wirtschaftliche Gründe eine Rolle. In der Regel ist ein höheres Heiratsalter mit der Lebensform in einer Kleinfamilie verbunden, das neuvermählte Paar gründet eine von Eltern und Verwandten unabhängige Familie. Eine solche Heiratsform und Familienstruktur ist für westeuropäische Kulturen typisch. Einige Aspekte dieser Familienstruktur lassen sich viele Jahrtausende zurückverfolgen. Spätes Heiratsalter ist fast immer mit einer relativ großen Häufigkeit lebenslang Unverheirateter in der Gemeinschaft verbunden.

In Indien liegt das durchschnittliche Heiratsalter der Frauen zwischen 14,5 und 16 Jahren, in England und Wales lag es 1911–15 bei 25,8, 1964 bei 22,8 Jahren. Aus Kirchenbüchern ist ersichtlich, daß in einigen Teilen Englands im 16. Jahrhundert das durchschnittliche Heiratsalter der Frauen sogar 27 Jahre betrug, in einigen der harten Jahre des 17. Jahrhunderts lag es sogar noch höher. Der Einfluß von Armut auf die Erhöhung des Heiratsalters und auf die Verringerung der Familiengröße läßt sich am Beispiel Norwegens im frühen 19. Jahrhundert zeigen. Großbauern nahmen sich Bräute, die durchschnittlich 4,4 Jahre jünger als sie waren, Kleinbauern dagegen heirateten etwa gleichaltrige Mädchen (0,2 Jahre jünger). Ein höheres Heiratsalter ist für die menschliche Fertilität nur dann von Bedeutung, wenn sie mit sexueller Enthaltsamkeit, wirkungsvoller Anwendung kontrazeptiver Praktiken und/oder Abtreibung vor der Ehe einhergeht. Im vorindustriellen Europa waren uneheliche Geburten offenbar selten. Im 17. Jahrhundert waren in der Normandie nur 0,6 % aller Geburten unehelich. Der Zusammenhang zwischen abnehmender Fertilität mit zunehmendem Heiratsalter ist eindeutig; man schätzt, daß die für die Induktion einer Schwangerschaft notwendige Zeit um etwa 0,07 % pro Monatsalter der Frau zunimmt.

In einer Ehe kann der regelmäßige Geschlechtsverkehr aus vielerlei Gründen unterbrochen werden. In Teilen Nigerias ist es Sitte, den Geschlechtsverkehr während der Laktation zu unterlassen. Einige Religionen und Kulturen verbieten den Geschlechtsverkehr zu bestimmten Festen oder Jahreszeiten. Im Mittelalter ächtete die katholische Kirche in Europa aus theologischen Gründen den Geschlechtsverkehr an Sonntagen, am Mittwoch und an den Freitagen, 40 Tage vor Ostern und Weihnachten und in der Zeit nach der Geburt.

Die Form der Ehe kann das Schwangerschaftsrisiko beeinflussen. In monogamen Ehen werden die Frauen häufigeren Geschlechtsverkehr haben als in polygamen Ehen. Bei polygamen Ehen wird der Geschlechtsverkehr durch Bräuche reguliert, die auch bestimmen, mit welcher Frau der Ehemann jeweils sexuellen Kontakt hat. In verschiedenen Kulturen wird oraler oder analer Geschlechtsverkehr gefördert oder verboten. Bei größerer Verbreitung können solche Arten des Geschlechtsverkehrs die Fertilität merklich beeinflussen.

Die sexuelle Partnerschaft kann durch Tod eines Partners oder durch Scheidung beendet werden. Sie kann aber auch zeitweise unterbrochen werden – in buddhistischen Kulturen etwa treten die Männer zeitweise in den Mönchsstand ein. Die Trennung ist wahrscheinlich am gravierendsten, wenn häufig von ländlichen in städtische Gebiete umgezogen wird, oder bei Auswanderungen. Der Ehemann hält sich oft Monate oder Jahre in dem neuen Wohnort auf, bevor die Ehefrau nachkommt.

Schließlich kann die Zahl der Geburten durch die Anwendung kontrazeptiver Methoden oder durch die Abtreibung beeinflußt werden. Man sollte sich aber darüber klar sein, daß Maßnahmen zur Geburtenkontrolle nur ein Faktor von vielen sind, die die menschliche Fertilität beeinflussen.

Die *Vermehrungsrate* ist eine wichtige Zahl in der Demographie. Die *Bruttovermehrungsrate* gibt die Anzahl der Töchter an, die von weiblichen Nachkommen bis zum Ende ihrer Vermehrungsfähigkeit geboren werden. Die *Nettover-*

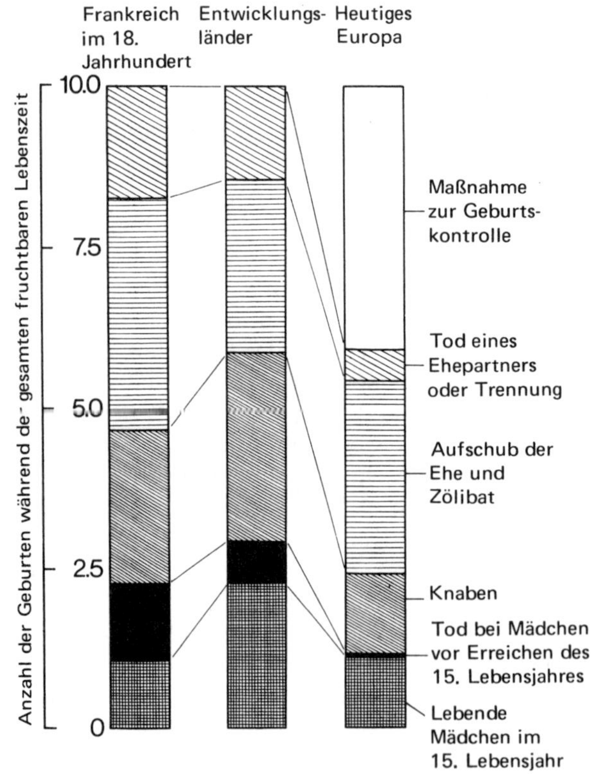

Abb. 2-2. Verschiedene, die Gesamtfertilität beeinflussende Faktoren in drei verschiedenen Bevölkerungstypen. Die angenommene Zahl der Geburten ist 10 (Nach Abb. 71 aus Kapitel 7, Teil 2, *General Theory of Population* von Alfred Sauvy, 1969; © George Weidenfeld & Nicolson, Ltd., London; Basic Books Publishers, Inc., New York).

mehrungsrate rechnet die Sterblichkeit mit ein, und gibt an, wieviele Töchter bis zur nächsten Generation überleben werden. In den westlichen Ländern überleben die meisten Kinder und haben selbst wieder Nachkommen. In geschichtlicher Zeit war der Tod vor Erreichen der Geschlechtsreife durchaus nicht selten. In der Dritten Welt spielt der Tod vor Erreichen der Geschlechtsreife immer noch eine erhebliche Rolle bei der Fertilität. Sauvy hat die relative Bedeutung der Faktoren für drei verschiedene Bevölkerungsgruppen geschätzt, die die Fertilität beeinflussen (Abb. 2-2). Die Zahl der 15 jährigen Mädchen entspricht etwa der Nettovermehrungsrate der jeweiligen Population. Das Vermehrungspotential wurde mit 10 Geburten angenommen. Die Abschätzung der Bedeutung des Heiratsalters ist etwas problematisch, und darüber hinaus wird in Sauvys Analyse die Bedeutung der Abtreibung und der Unfruchtbarkeit nicht berücksichtigt. Dennoch ist das Ergebnis für das Verständnis der menschlichen Fertilität wichtig. Eine Gemeinschaft mit einer Nettovermehrungsrate von 1,0 – in der also die Mehrzahl der Ehepaare zwei Kinder hat, die das Erwachsenenalter erreichen – wird sich zahlenmäßig nicht verändern.

Auf das rasante Wachstum der menschlichen Bevölkerung kann gar nicht eindringlich genug hingewiesen werden. In den kommenden 10 Jahren wird die Weltbevölkerung um mehr Menschen zunehmen, als heute in Nord- und Südamerika leben, das ist ein einmaliger Vorgang. In vielen asiatischen und afrikanischen Ländern beträgt zur Zeit die Nettovermehrungsrate oft 2–3. Das bedeutet, die meisten Ehepaare haben 4 überlebende Kinder, manche fünf oder sechs. Das führt zu einer Verdoppelung der Bevölkerungszahl in einer einzigen Generation. Unter solchen Bedingungen ist kaum ein wirtschaftliches Nullwachstum möglich – von Weiterentwicklung ganz zu schweigen. Nur eine Familienstruktur mit ein oder zwei Kindern könnte die Gefahren einer Überbevölkerung bannen.

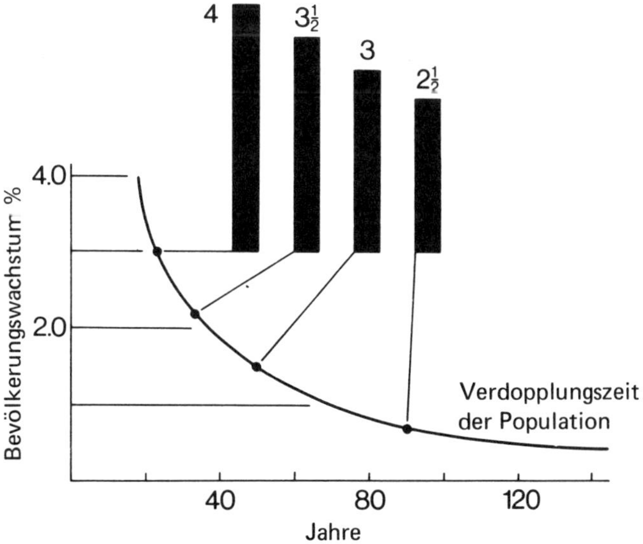

Abb. 2-3. Durchschnittliche Anzahl von Kindern pro Familie in Relation zum Bevölkerungswachstum (es wurde die Sterberate westlicher Länder zugrundegelegt).

Schwangerschaftsintervall

In einer fruchtbaren Gemeinschaft mit regelmäßigem sexuellem Kontakt ist eine bestimmte Anzahl von Fortpflanzungszyklen möglich, entweder bei verschiedenen Frauen oder bei einer Frau zu verschiedenen Zeiten (Abb. 2-4). Der Zwischenraum zwischen zwei aufeinanderfolgenden Schwangerschaften setzt sich aus drei Zeitabschnitten zusammen: a. Die Zeit bis zur Schwangerschaft, b. die Schwangerschaftsdauer und c. die unfruchtbare Zeit nach dem Ende der Schwangerschaft.

Man schätzt, daß bis zu einer Konzeption etwa 2,1–11 Monate vergehen. Schwankungen im Alter und in der Fekundität zwischen verschiedenen Bevölkerungsgruppen und Schwierigkeiten bei der Kalkulation unerkannter Aborte machen diese Schätzung allerdings sehr ungenau, gerade Aborte im ersten Schwangerschaftsmonat sind vielleicht der wichtigste Faktor. Die Durchschnittszahl verdeckt zudem die Tatsache, daß die Verteilung der Schwangerschaftszeiten nach Beginn des Geschlechtsverkehrs nicht gleichmäßig ist. Viele Frauen konzipieren schnell, wenige aber erst nach einem Jahr oder später.

Die Häufigkeit des Geschlechtsverkehrs hat auf die Zeit bis zur Schwangerschaft wahrscheinlich kaum einen Einfluß, hierzu gibt es allerdings nur wenige Daten. Zwischen verschiedenen Kulturkreisen bestehen eher Ähnlichkeiten als Unterschiede, immer ist das Alter (und wahrscheinlich die Neuigkeit der Erfahrung) ein Schlüsselfaktor. Kinsey und seine Mitarbeiter registrierten bei

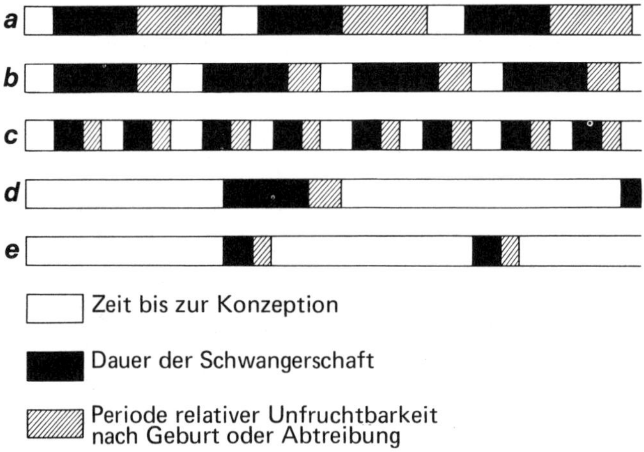

Abb. 2-4. Zyklen der Vermehrungsaktivität unter verschiedenen Bedingungen.
a. Ausgetragene Schwangerschaften mit anschließender Ernährung der Säuglinge an der Brust
b. Ausgetragene Schwangerschaften oder Totgeburten mit anschließender künstlicher Ernährung oder Ernährung durch Ammen
c. Spontane oder induzierte Aborte
d. Ausgetragene Schwangerschaften bei Verwendung von Kontrazeptiva
e. Spontane oder induzierte Aborte bei Verwendung von Kontrazeptiva

16–20 jährigen Ehefrauen eine Koitusfrequenz von 3,7 ± 0,15 pro Woche, bei 56–60 jährigen Frauen eine von 0,8 ± 0,14. Eine andere Untersuchung an amerikanischen Frauen ergab, daß bei einer Koitusfrequenz von durchschnittlich 2 pro Woche 7–8,5 Monate bis zur Schwangerschaft vergingen, bei einer Koitusfrequenz von 5 oder mehr pro Woche dagegen 4,5–5,2 Monate. Eine Untersuchung an libanesischen Moslemfrauen ergab eine Koitusfrequenz von 5,7 pro Woche in der Zeit zwischen Eheschließung und der ersten Schwangerschaft, danach betrug sie 4,5. Bei libanesischen Christinnen lagen die Frequenzen vor der Schwangerschaft bei 4,2 und danach bei 1,5.

Wenn die Schwangerschaft normal verläuft, kommt es 9 Monate nach der Konzeption zur Geburt. Der Zeitpunkt einer erneuten Fruchtbarkeit ist davon abhängig, ob das Kind gestillt wird oder nicht. Bei Totgeburten oder wenn das Baby künstlich ernährt wird, dauert die Amenorrhoe nach der Geburt 2 Zyklen (2 Monate), auf diese Zeit folgen zwei anovulatorische Zyklen (Abb. 2-4b). Wird das Baby gestillt, kann die Amenorrhoe mehrere Monate dauern (Abb. 2-4a). Bei Frauen in Nigeria, wo Milchkühe wegen der Trypanosomiasis nicht gehalten werden können und die Kinder regelmäßig gestillt werden müssen, dauert die Laktation durchschnittlich 23,5 Monate. Die hemmende Wirkung der Laktation auf eine erneute Ovulation kann durch soziale Bräuche modifiziert werden. In Kulturen, bei denen die Säuglinge viele Stunden an der mütterlichen Brust verbringen, die somit der Beruhigung und der Ernährung gleichermaßen dient, ist sie wirkungsvoller als bei solchen, bei denen das Kind, nachdem es gesättigt ist, wieder entfernt wird. Am Ende der Laktationsperiode ist das Schwangerschaftsrisiko vermindert, aber nicht ausgeschaltet. Eine Schwangerschaft kann noch vor Wiederbeginn der Menstruation eintreten. Eine erneute Schwangerschaft blockiert den weiteren Ablauf der Laktation.

Wenn die Schwangerschaft durch spontanen oder induzierten Abort endet, entsteht ein anderes Fertilitätsmuster: Die Zeit bis zur erfolgreichen Schwangerschaft bleibt unverändert, die Schwangerschaft dauert aber durchschnittlich nur 3 Monate oder weniger, und es kommt bereits nach 2–3 Monaten wieder zu erneuter Fruchtbarkeit (Abb. 2-4c).

Die Geburtenkontrolle hat in neuester Zeit ein oft irrationales Interesse gefunden. Unkenntnis über die biologischen Zusammenhänge und über die Beziehungen zwischen Kontrazeption, Sterilisation und Abtreibung sind weit verbreitet. Reversible und irreversible Methoden sind nichts anderes als Techniken zur Verlängerung der Zeitspanne bis zum Einleiten einer Schwangerschaft (selbst bei der Sterilisation gibt es eine Versagerquote). Aus bereits erwähnten Gründen können in einer Fertilitätsperiode mehr Abtreibungen als Geburten erfolgen. Wenn nur abgetrieben wird, und besonders wenn gestillt wird, können zwei, manchmal auch drei Abtreibungen auf eine Lebendgeburt entfallen. Werden dagegen auch andere, weniger wirksame kontrazeptive Maßnahmen zur Verlängerung des Zeitabschnittes bis zur Schwangerschaft angewendet, dann kommt auf eine Lebendgeburt nur eine Abtreibung (Abb. 2-5).

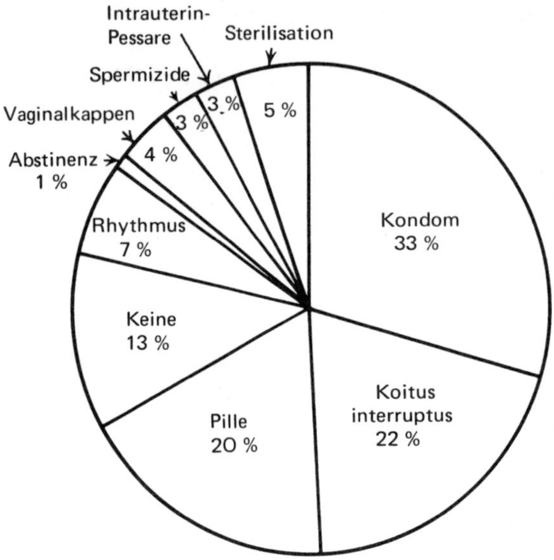

Abb. 2-5. Anwendung verschiedener kontrazeptiver Praktiken bei verheirateten Frauen mit einem Kind in England, 1970. Die Zahlen ergeben über 100 %, weil manchmal mehrere Methoden angewendet werden. (Nach Daten aus Tab. 88 in A. Cartwright. *Parents and Familiy Planning Services*. Routledge & Kegan-Paul, London, und Atherton Press, New York. © 1970 von dem Institute of Community Studies. Mit Erlaubnis von Autor und Verlag).

Methoden

Techniken des Koitus

Die älteste und immer noch verbreitetste Methode der Kontrazeption ist der Koitus interruptus. Er wird durch eine Vielzahl unterschiedlicher Bezeichnungen umschrieben und wird manchmal gar nicht als eine Methode zur Geburtenkontrolle erkannt. Auf die Frage: »Wenden Sie irgendeine Form der Kontrazeption an?« wird eine Frau häufig mit »nein« antworten, lautet die Frage aber: »Ist ihr Gatte vorsichtig?«, dann wird die Antwort »ja« sein.

Koitus interruptus ist in Europa die verbreitetste kontrazeptive Methode geblieben. Das beruht wahrscheinlich einfach darauf, daß eben diese Methode von der christlichen Kirche verdammt wurde. In typisch menschlicher Art scheint das dauernde Predigen gegen diese Methode und die häufige Frage nach ihr im Beichtstuhl das Interesse an ihr und an ihrer Ausübung angeregt zu haben. Cherubino von Siena erwähnt die Methode 1487, und englische Demographen haben nachgewiesen, daß im 17. Jahrhundert die Fruchtbarkeit der jungverheirateten Paare schneller abnahm als diejenige von Ehepaaren, die später geheiratet hatten. Das liegt wahrscheinlich an der wirkungsvollen Anwendung des Koitus interruptus bei den jungen Ehepaaren. Beim Eintritt Europas in die Industrielle Revolution hatten Koitus interruptus und Abtreibung die Geburtenrate bereits weit unter den in den heutigen Entwicklungsländern üblichen Wert herabgedrückt.

Es gehört zu den Klischees der modernen Familienplanung, den Koitus interruptus als psychisch schädlich und als kontrazeptiv unwirksam zu verdammen.

Für das erstere gibt es keine objektiven Beweise und die wenigen Untersuchungen, die diese Methode berücksichtigen, weisen darauf hin, daß sie immerhin kaum weniger wirksam ist als die Verwendung eines Kondoms, aber wirksamer als die Rhythmus-Methode. In England stellte eine Kommission für Bevölkerungsfragen 1949 fest, daß »zwischen Menschen, die Hilfsmittel verwenden, und solchen, die hilfsmittelfreie Methoden verwenden, im Hinblick auf die durchschnittliche Zahl ihrer Kinder keine Unterschiede bestehen«. Mit Sicherheit hat der Koitus interruptus einen deutlichen Einfluß auf die Ausdehnung der Schwangerschaftsintervalle. In Verbindung mit der Abtreibung ist der Koitus interruptus zur Kontrolle der menschlichen Fertilität durchaus hinreichend. In Osteuropa ist diese Kombination vorherrschend und hat zu niedrigen Geburtenraten geführt.

Viel seltener ist der Koitus reservatus. Hier verhindert der Mann den Orgasmus ganz, und es kommt schließlich zur Erschlaffung des Penis in der Vagina. Diese Methode wurde von einigen exzentrischen religiösen Sekten in Amerika angewendet. Eine weitere noch merkwürdigere Methode ist der Koitus Saxonicus oder auch Koitus obstructus: Die Urethra wird an der Peniswurzel zusammengepreßt, so daß eine rückwärtige Ejakulation in die Blase hinein erfolgt.

Kondome

In einigen hochentwickelten Ländern wie England und Japan ist die Anwendung des Kondoms die häufigste Methode zur reversiblen Familienplanung. Weltweit ist sie wahrscheinlich nach der Abtreibung und dem Koitus interruptus die häufigste Methode überhaupt. Das Kondom hat eine lange Geschichte. Bereits der Anatom Fallopius beschrieb neben dem Ovidukt auch ein Kondom. Die Behauptung, das Kondom sei von dem Arzt Dr. Condom am Hof Charles II. erfunden worden, ist sicherlich falsch. Tatsächlich stammt das Wort von dem lateinischen *Condus*, das so viel bedeutet wie »Behälter«. In manchen Ländern gibt man offenbar nur ungerne den Gebrauch von Kondomen zu. Die Franzosen nennen das Kondom »la capote anglaise«, die Engländer nennen es »the french letter«.

Der Durchbruch bei der industriellen Herstellung des Kondoms gelang 1844 mit der Erfindung der Gummivulkanisierung durch Goodyear und Hancock. Vom letzten Viertel des 19. Jahrhunderts an fanden die Kondome in Europa und Nord-Amerika immer weitere Verbreitung. Zur Zeit werden in Großbritannien etwa 100 Mio. Kondome pro Jahr verkauft, die Produktionszahl ist wegen des bemerkenswerten Exportes doppelt so hoch. Die heutige Massenproduktion der Kondome ist nahezu vollautomatisiert. Auf Fertigungsfehler werden die Kondome meist mit Hilfe ihrer Leitfähigkeit (Stromwiderstand in kondomüberzogenen Metalleitern in Salzlösungen) getestet. Es gibt aber auch Prüfmethoden, die auf Luft- oder Wasserfüllung beruhen.

Die Anwendung des Kondoms ist einfach und zuverlässig. Wie die oralen Kontrazeptiva kann der Gebrauch des Kondoms unter bestimmten Umständen sogar therapeutisch sinnvoll sein. Das Kondom reduziert (aber nicht 100 %ig) das Risiko einer Infektion mit Geschlechtskrankheiten. Zudem weisen epidemiologische Befunde darauf hin, daß die lebenslange Anwendung des Kondoms bei der Partnerin des Mannes das Risiko für die Entstehung eines Cervixkarzinoms vermindert. Im Gegensatz zur Pille hat das Kondom keine Nebenwirkungen. Allerdings hat es offensichtlich Nachteile, die bereits im 17. Jahrhundert voll erkannt wurden, indem jemand bereits damals das Kondom als »Panzer gegen die Liebe« beschrieb. Die neueste Verbesserung besteht in einer Erhöhung der Gleitfähigkeit von Gummikondomen mit Silikon. Die Anwendung von Kondomen hängt sehr von den Verkaufsmethoden ab. Möglicherweise wären die Kondome noch weiter verbreitet, wenn weniger die klinischen, dafür aber mehr die erotischen Aspekte des Kondomgebrauches hervorgehoben würden. Es sind immer schon besondere Kondomtypen im Handel gewesen. In bestimmten Gegenden lassen sich farbige Kondome besonders gut verkaufen, in Japan sind schwarze und rote Kondome besonders beliebt. Auf besondere Formgebungen weisen schon Handelsbezeichnungen wie »Hahnenkamm« oder »Fünf-Finger-Übung« hin.

Kondome aus dünnem Plastikmaterial könnten für die Entwicklungsländer von Bedeutung sein. Die Herstellung ist arbeitsintensiv und erfordert geringe Investitionen. Das Endprodukt kann leicht getestet werden, ist weniger fehleranfällig als das Gummikondom und hat eine lange Lagerungsdauer.

Spermizide und Vaginalkappen

Vaginale Spermizide sind weit verbreitet, obwohl sie weniger zuverlässig sind als andere Methoden. Einige waren bereits im 19. Jahrhundert auf dem Markt. In den zwanziger Jahren des 20. Jahrhunderts förderte Lord Florey die Versuche von Baker, die als die ersten ihrer Art gelten können, und schuf ein noch heute gebräuchliches Spermizid.

Es gibt eine Vielzahl von Gummi- und Plastikgeräten, die die Cervix abdichten und besonders dazu dienen sollen, ein Spermizid im Bereich zwischen Cervix und Vagina anzubringen. Als die Kliniken zur Geburtenkontrolle in England, Holland, Skandinavien und den USA eingerichtet wurden, war das Diaphragma das hauptsächlichste Mittel, das angeboten werden konnte. Das Diaphragma kann nur von einer geübten Person eingelegt werden, und die Frau muß für diesen Eingriff erheblich motiviert werden. Die Methode verliert heute immer mehr an Bedeutung, besonders gegenüber den oralen Kontrazeptiva. Das Diaphragma wird heute nur noch bei einigen isolierten Bevölkerungsgruppen der Industrieländer angewandt.

Rhythmus-Methode

Die Tatsache, daß nur zu einer bestimmten Zeit während des Menstruationszyklus eine Schwangerschaft erreicht werden kann, ist schon lange bekannt. Eine biologisch begründete Basis für die Rhythmus-Methode wurde aber erst in den dreißiger Jahren dieses Jahrhunderts von Knaus in Österreich und Ogino in Japan geschaffen. Der Erfolg dieser Methode ist zum großen Teil abhängig von einem zeitweiligen Koitusverzicht. Wenn der zeitliche Ablauf der Menstruationszyklen bekannt ist, kann die fruchtbare Periode geschätzt werden, indem man 18 Tage vom kürzesten und 11 Tage vom längsten Zyklus abzieht. Hierbei ist aber zu bedenken, daß der Zeitpunkt der Ovulation schwankt (siehe Kap. 5). Einige Frauen reagieren wie Kaninchen und Frettchen auf den Koitus mit einer Ovulation. Eine größere Sicherheit kann durch tägliche Temperaturmessungen erreicht werden. Als Wirkung des Progesterons kommt es nach der Ovulation zu einem leichten Anstieg der Körpertemperatur. In Japan ist diese Methode weit verbreitet, sie wird aber sonst nur noch in einigen katholischen Ländern angewendet. Es ist nicht möglich gewesen, bei sozial unterprivilegierten Menschen diese Methode einzuführen.

Die Rhythmus-Methode war die erste Methode zur Empfängnisverhütung, die in der christlichen Theologie Erwähnung fand. St. Augustin meinte, sie mache die Frau zur Hure. Später wurde sie von der katholischen Kirche geduldet und avancierte sogar zur einzigen Methode der Empfängnisverhütung, die vorsichtige Billigung in der *Humanae Vitae* von 1968 fand. Sowohl das Verdammungsurteil des Augustin als auch die Äußerungen dazu in der *Humanae Vitae* basieren auf völlig unzureichenden biologischen Kenntnissen. Was unbedingt not tut, ist ein engerer geistiger Kontakt zwischen denen, die sich mit der Seele, und denen, die sich mit dem Körper beschäftigen.

Intrauterinpessare zur Empfängnisverhütung

Die Erkenntnis, daß Fremdkörper im Uterus zur Unfruchtbarkeit führen, ist schon alt. Wie bei den Steroidkontrazeptiva war auch hier die fehlende Notwendigkeit fur eine Geburtenkontrolle und nicht etwa das technische Unvermögen der Grund dafür, daß nicht schon früher effektive Methoden entwickelt wurden. Intrauterinpessare wurden bereits im 19. Jahrhundert patentiert und verbreitet. In der ersten Hälfte des 20. Jahrhunderts wurden Pessare aus Silber, Gold und rostfreiem Stahl von Grafenberg in Deutschland, Haire und Jackson in England, Knock in Indonesien und Ota in Japan hergestellt. Mißbrauch durch unerfahrene Ärzte und eine unverständliche Ablehnung der Methode durch die Gynäkologen der damaligen Zeit haben bis in die späten fünfziger Jahre eine weite Verbreitung verhindert.

Heute werden weltweit Plastikpessare verwendet, die ohne Dehnung der Cervix eingeführt werden können. Viele Millionen von Frauen tragen die Schleife nach Lippe. In Korea haben über 50% aller Frauen zwischen 35 und 39 Jahren irgendwann einen Pessar getragen. Die Verwendung von Pessaren führt zwar zu einer Abnahme der Schwangerschaftsrate, leider aber auch zu Komplikationen. Die schwerwiegendste Nebenwirkung der Pessare ist eine Zunahme der Uterusblutungen. Bei Trägerinnen von Pessaren beträgt der durchschnittliche Blutverlust 38,2 ml pro Monat, bei Kontrollpersonen liegt er bei 16,3 ml und bei Frauen, die orale Kontrazeptiva verwenden, bei 12,0 ml. Der Blutverlust nimmt mit der Dauer des Pessargebrauches zu.

Experimente zur Wirkung intrauteriner Fremdkörper wurden bereits in den dreißiger Jahren am Kaninchen gemacht. Das neu geweckte Interesse an Pessaren hat zu einer Vielzahl von Experimenten besonders an Nagetieren und Primaten geführt. Man weiß, daß in Gegenwart von Pessaren die Spermatozoen den weiblichen Genitaltrakt heraufwandern, daß die Ovulation erfolgt und daß es zur Befruchtung kommen kann. Das Interesse konzentrierte sich dann auf das Schicksal der Blastozyste und auf den Implantationsvorgang. Wird ein Pessar in einem Uterus bicornis weit oben in einem Uterushorn plaziert, wird in dem ganzen Horn eine Implantation verhindert. Entfernung des Pessars vor dem 4. oder 5. Tag der Trächtigkeit führt bei Nagetieren zu einer ganz normalen Entwicklung der Embryonen. Bei Tieren mit einem Uterus bicornis, aber nur einer Cervix, breitet sich der Sterilitätseffekt eines Pessars in einem Uterushorn auch in das andere aus. Bei Tierarten mit zwei getrennten Cervices kann ein solcher Sterilitätseffekt auch durch die operative Herstellung einer Verbindung zwischen beiden Uteruslumina, aber nicht durch Verbindung der Muskelwände allein erreicht werden. Offenbar sind Komponenten der Uterusflüssigkeit für die sterilisierende Wirkung des Pessars verantwortlich. Bei Menschen und Tieren werden in Gegenwart eines Pessars viele Leukozyten gefunden. Der sterilisierende Effekt der Pessare ist bei keimfreien Tieren stark vermindert. Man vermutet, daß die Wirkung des Pessars wahrscheinlich in der Wanderung von Leukozyten in das Uteruslumen hinein besteht, und daß diese dann Bedingungen schaffen, unter denen die Blastozysten nicht überleben oder sich nicht implantieren können.

Steroidkontrazeptiva

Bei der Entwicklung der Steroidkontrazeptiva waren medizinische Vorurteile und medizinischer Fortschritt gleichermaßen als begrenzende Faktoren wirksam. 1921 publizierte der österreichische Physiologe Ludwig Haberlandt die erste einer Serie von Arbeiten über die hormonale Kontrolle der Fruchtbarkeit. Er transplantierte Ovarien trächtiger Kaninchen in nicht trächtige und deckte die grundlegenden physiologischen Mechanismen auf, die bei den kombinierten oralen Kontrazeptiva wirksam sind. Er schrieb 1931, die auf biologischen Prinzipien basierende hormonelle Sterilisation sei fraglos die beste Methode für die praktische Medizin und ihre zukünftige Aufgabe der Geburtskontrolle, wenn sie ohne Schwierigkeiten beim Menschen angewandt werden könnte. Ovariale Hormone waren zuerst in den dreißiger Jahren verfügbar. 1940 wurden sie dann bei der Behandlung von Frauen mit habituellen Aborten eingesetzt, und dabei erkannte man durch Zufall ihre ovulationshemmende Wirkung. Einige Jahre danach gelang Russel Marker die Gewinnung von Steroiden aus Yamswurzeln. Viele synthetische Steroide sind oral wirksam, aber die Pille, wie wir sie heute kennen, wurde erst in den späten fünfziger Jahren entwickelt und begann um 1960 herum ihren Siegeszug. Heute nehmen über zwanzig Millionen Frauen die Pille.

Kombinationspräparate enthalten ein Östrogen und ein Progestagen. Sie werden in der Regel 21 Tage lang eingenommen, in der danach folgenden 7 tägigen Einnahmepause erfolgt die Uterusblutung. Diese Präparate führen zu einer verminderten Ausschüttung von Hypophysengonadotropinen und als Folge davon zu einer Hemmung der Ovulation. Eine mögliche Schwangerschaft blockieren sie dadurch, daß sie Änderungen im Ovar, in den Eileitern, dem Cervixschleim und dem Endometrium induzieren. Bei den Sequenzmethoden wird zunächst ein Östrogen über 14–16 Tage eingenommen, danach für 5–7 Tage ein Östrogen-Progestagen-Gemisch, in der folgenden einnahmefreien Periode kommt es zur Uterusblutung. Auch diese Methode führt über eine Unterdrückung der Gonadotropinausschüttung zur Ovulationshemmung, hat aber auf andere Organe eine geringere Wirkung, was auch für die höhere Rate von Mißerfolgen bei Verwendung dieser Methode verantwortlich sein könnte. Dauernd eingenommene Progestagene regulieren ebenfalls die Fruchtbarkeit, die Gonadotropinausschüttung ist dabei weniger stark verändert als nach Einnahme anderer Steroide. Bei dieser Methode scheinen Einflüsse auf die Kapazitation der Spermien, das cervikale Endometrium, die Ovulation und die Funktion der Tuben noch wichtiger als bei anderen Methoden zu sein.

Die Hormone können als Injektion, aber auch oral gegeben werden. Depotpräparate von Progestagenen wurden mit gutem kontrazeptivem Effekt an Tausende von Frauen in Abständen von 1, 3 oder 6 Monaten verabreicht. Hierbei wurden allerdings geringe Störungen der normalen Menstruationsabläufe beobachtet. Progestagen – gefüllte Kapseln aus Silastin (ein gummiartiges Plastikmaterial) können subkutan oder intramuskulär implantiert oder in Vagina oder Uterus eingebracht werden, das Hormon wird an allen diesen Stellen gut resorbiert. Bisher ist die Implantation kaum klinisch getestet worden, sie hat sich dabei aber über einen Zeitraum von 6–12 Monaten als bemerkenswert wirksam erwiesen. Bevor die Methode in größerem Umfang getestet werden kann, sind aber noch technische Verbesserungen notwendig.

Östrogene sind 3–5 Tage nach einem Geschlechtsverkehr, in hohen Dosen verabreicht, wirksame postkoitale Präparate, wahrscheinlich verhindern sie die Implantation.

Orale Kontrazeptiva greifen nur geringfügig in die physiologischen Funktionen ein. Einige physiologische Veränderungen sind mehrere Zyklen nach Absetzen der Präparate nicht mehr nachweisbar, andere bleiben erhalten. Steroidkontrazeptiva werden auch therapeutisch verwendet, etwa bei der Behandlung von Dysmenorrhöen und prämenstrualen Spannungszuständen.

Sterilisation

Vasektomie (Entfernung eines Teils des Vas deferens) und Eileiterligatur werden immer häufiger als irreversible Methoden der Fruchtbarkeitskontrolle angewandt.

Vasektomie ist eine leichtere und komplikationslosere Operation als die Eileiterligatur. Sie kann und sollte unter Lokalanästhesie durchgeführt werden, erfordert keinen Krankenhausaufenthalt und dauert höchstens 10 Minuten. In Indien sind in den letzten Jahren etwa 6 Mio. Vasektomien durchgeführt worden. Der Samenleiter kann durch die Haut des Skrotums hindurch palpiert werden und ist nach einem kleinen Einschnitt in die Skrotalhaut leicht zugänglich. Das Skrotum heilt gut, und der Operationserfolg zeigt sich zwei bis drei Monate nach dem Eingriff am Ausbleiben der Spermien im Ejakulat.

Die Hodensekrete steuern wenig zum Volumen des Ejakulates bei (siehe Band 1, Kap. 5). Über die Auswirkungen der Vasektomie beim Menschen und über den Verbleib der Spermien ist kaum etwas bekannt. Die Hormonproduktion im Hoden soll durch den Eingriff unbeeinflußt bleiben, und nach den bisherigen Kenntnissen sind die sexuellen Aktivitäten des Mannes nach der Operation unverändert. Einige Männer bilden Antikörper gegen ihre eigenen Spermien, eine solche Antikörperbildung scheint nach der Vasektomie häufiger als normal aufzutreten. Hierzu gibt es bisher keine ausreichenden Untersuchungen, aber Männer, die solche Antikörper bilden, können offenbar wieder fruchtbar werden, ob das aber immer so ist, muß noch geklärt werden.

Die Eileiter sind über das Abdomen oder die Vagina zugänglich und werden durch Ligation oder durch Kauterisieren verschlossen. Mit Hilfe eines Laparoskops ist die Operation sehr viel einfacher (Kap. 4). Gewöhnlich wird eine Vollnarkose gegeben, aber ein spinales Anaesthetikum reicht aus. Wird die Operation nach einer Geburt ausgeführt (die Eileiter sind dann leicht zugänglich), reicht auch eine lokale Narkose. Der Eingriff erfordert etwas chirurgische Geschicklichkeit, und aus Mangel an erfahrenem Personal können in vielen Entwicklungsländern solche Operationen nicht routinemäßig ausgeführt werden.

Die Kontinuität des Vas deferens kann ebenso wie diejenige anderer anatomischer Gänge durch eine sorgfältige Operation wiederhergestellt werden. Viele erfahrene Chirurgen haben solche Operationen mit Erfolg durchgeführt. Die meisten Reanastomosen werden in Indien durchgeführt, leider ist aber eine Beobachtung der Patienten nach einem solchen Eingriff sehr schwierig. Hinweise auf den Erfolg derartiger Operationen sind Spermatozoen im Ejakulat der meisten Patienten und der Befund, daß mehr als 50% der Männer nach der Operation Kinder gezeugt haben. Die Reanastomose einer Eileiterligatur gelingt nur selten, und viele Gynäkologen meinen, ein solcher Eingriff sei nicht gerechtfertigt. Man hat auch andere Wege beschritten, um Frauen reversibel zu sterilisieren. Die Ovarien werden in Kunststoffbeutel eingehüllt, und Gewebestücke aus der Vagina werden als Cervixdiaphragma eingesetzt. So kann eine Schwangerschaft bei normaler Menstruation verhindert werden. Es ist aber noch zu früh, um solche Operationen routinemäßig bei der Geburtenkontrolle einzusetzen.

Abtreibung

Die Abtreibung ist weltweit immer noch die verbreitetste Methode der Geburtenkontrolle. Ohne die Abtreibung wäre es in keinem Industrieland zu einem merklichen Rückgang der Geburtenziffer gekommen, und mit Sicherheit wird kein Entwicklungsland ohne ähnliche Maßnahmen einen merklichen Rückgang in seinem Bevölkerungszuwachs erreichen können.

Die Schwangerschaftsunterbrechung erfolgt in den ersten 3 Schwangerschaftsmonaten nach einer Erweiterung der Cervix mit Metallsonden durch Auskratzen der Schwangerschaftsprodukte mit einer Kürette. Bei einer anderen Methode wird mit einem Schlauch ein Vakuum geschaffen und die Frucht abgesaugt, das führt zu weniger Blutverlust und ist wohl auch sicherer als die Auskratzung. Die Eingriffe können ambulant unter örtlicher Betäubung ausgeführt werden. Bei fortgeschrittener Schwangerschaft sind andere Methoden notwendig. Entweder wird ein kleiner Kaiserschnitt ausgeführt, oder der Uterus wird ganz entfernt. Aus der Amnionhöhle kann Flüssigkeit entnommen und durch hypertone Salzlösung ersetzt werden. Fötus und Plazenta werden abgetötet, und etwa einen Tag später erfolgt der Abort. Gemische aus Seife und Öl können durch die Cervix in den Uterus injiziert werden. In allen Stadien der Schwangerschaft führt das Einführen eines Fremdkörpers in den Uterus, wie etwa eines Gummikatheters, zum Abort, eine Methode, die meist bei der illegalen Abtreibung angewandt wird. Besonders die Verwendung von Einspritzlösungen und Fremdkörpern könnte sicherlich noch verbessert werden.

Über die soziologische Situation von Frauen, die eine Abtreibung wünschen, ob nun legal oder illegal, ist einiges bekannt. Ehepaare, die Kontrazeptiva verwenden, sind viel eher zur Abtreibung bereit als solche, die sie nicht verwenden. Ehepaare, die bereits eine Abtreibung hinter sich haben, stehen kontrazeptiven Praktiken aufgeschlossener gegenüber als andere, die noch nicht abgetrieben haben. Offenbar werden Abtreibung und Kontrazeption als komplementäre und nicht als konkurrierende Methoden angesehen. Wie bei der Diskussion des Schwangerschaftsintervalls gezeigt wurde, besteht ein grundlegender Unterschied darin, ob die Fertilität durch Kombination kontrazeptiver Techniken mit induzierten Aborten oder aber durch induzierte Aborte allein kontrolliert wird. Untersuchungen in vielen Ländern haben ergeben, daß in einer Bevölkerungsgruppe, die damit beginnt, ihre Fertilität zu regulieren, zunächst Kontrazeptiva und Abtreibungen gleichrangig sind. Eine solche Situation ist heute möglicherweise in vielen Entwicklungsländern gegeben. Später werden dann die kontrazeptiven Methoden zunehmend häufiger verwendet, und die Rate induzierter Aborte sinkt langsam ab. Das kann am Beispiel von Ländern, wie Japan und Ungarn, gezeigt werden, wo die Abtreibung legal ist. Der Endzustand scheint bei einer niedrigen aber konstanten Rate induzierter Aborte erreicht zu sein, wie man es in England beobachten kann. Nach der Legalisierung der Abtreibung im Jahre 1967 hat sich die Zahl der induzierten Aborte bei etwa 10 auf 100 Lebendgeburten eingependelt – gemessen an den Werten der meisten Industriestaaten ist das wenig. Viele Beobachter meinen, daß in Ländern, in denen Kontrazeptiva nur selten benutzt werden, eine Legalisierung der Abtreibung hauptsächlich dazu führt, daß die Abtreibung stationär oder ambulant von Ärzten ausgeführt wird und nicht mehr unter kriminellen Bedingungen.

Zugänglichkeit zu Kontrazeptiva

Die mehr oder weniger leichte Zugänglichkeit zu verschiedenen Kontrazeptiva ist oft der Grund für das Ausmaß ihrer Verbreitung. Einer der Gründe für die Beliebtheit des Kondoms ist, daß es leicht und anonym erworben werden kann. In England werden die Kondome besonders von den Friseuren verkauft, und möglicherweise verhindern sie mehr Schwangerschaften als die Ärzte. Ein Vorteil der Rhythmusmethode ist, daß sie keiner ärztlichen Beratung bedarf und die Einrichtung eines Vertriebssystems nicht nötig ist.

Das ärztliche Interesse an der Familienplanung ist erst in jüngster Zeit erwacht, das ärztliche Engagement ist aber sehr unregelmäßig geblieben. In den letzten Jahrzehnten mußten die Menschen der westlichen Welt ihre Familienplanung nicht mit Hilfe der Mediziner betreiben, sondern gegen ihren Rat. In den Entwicklungsländern stehen nur wenig Ärzte zur Verfügung. In Tennessee gibt es zum Beispiel mehr Ärzte als in den sieben Ländern Zentralamerikas zusammen. Somit muß auch in den Entwicklungsländern, allerdings aus anderen Gründen, die Geburtenregelung ohne ärztliche Hilfe erfolgen. Gegenwärtig werden in den Industrieländern 40% der oralen Kontrazeptiva kommerziell verbreitet, und zweifellos könnte dieser Anteil noch erhöht werden. Die Vorteile einer kommerziellen Verbreitung von Kontrazeptiva wurden in den meisten nationalen Programmen zur Familienplanung in Asien und Afrika nicht erkannt.

Man überlegt jetzt, ob die Pille nicht von Krankenschwestern oder von Helfern mit entsprechender Spezialschulung verteilt werden könnte. Im kommenden Jahrzehnt werden die Ärzte wahrscheinlich weniger mit reversiblen Methoden der Empfängnisverhütung befaßt sein. Sie können dann ihre Energie eher auf notwendigere Dinge konzentrieren, etwa die Vereinfachung von Sterilisation und Abtreibung.

Wirksamkeit der Kontrazeptiva

Die Wirksamkeit der reversiblen kontrazeptiven Methoden kann mit der Formel von Pearl abgeschätzt werden. Dabei wird die Zahl der Schwangerschaften pro hundert Frauenjahre angegeben, das bedeutet, es gehen 100 Frauen in einem

Jahr, 10 Frauen in 10 Jahren oder irgendeine andere Kombination in die Untersuchung ein. Diese an sich brauchbare Methode verdeckt jedoch bestimmte Probleme. Tietze und Lewit haben die Messung einer Gebrauchs-Wirkungs-Beziehung und einer erweiterten Gebrauchs-Wirkungs-Beziehung vorgeschlagen. Diese Methode nimmt Bezug auf die Erfahrungen einer bestimmten Population, die dem Risiko unerwünschter Schwangerschaften ausgesetzt ist, und erfaßt alle Perioden der regelmäßigen und unregelmäßigen Anwendung kontrazeptiver Praktiken, schließt aber die absichtlichen Unterbrechungen der Kontrazeption aus. Hierbei muß betont werden, daß die Wirksamkeit einer Methode in der Praxis von ihrer biologischen und physiologischen Effektivität bei regelmäßiger Anwendung unter idealen Bedingungen stark abweichen kann. Ob eine ungewollte Schwangerschaft zustande gekommen ist, weil ein fehlerhaftes oder weil gar kein Kondom benutzt wurde, ist unerheblich. Die Erfahrung hat gezeigt, daß die Gebrauchs-Wirkungs-Beziehung der Kontrazeptiva vom sozialen Status, vom Bildungsstand der Benutzer und von der Benutzungsdauer abhängt. Sie steigt, wenn ein Ehepaar die ideal erscheinende Familiengröße erreicht hat. Eine Untersuchung der Fertilität von Stadtbewohnern in Amerika hat ergeben, daß die Fehlerquote kontrazeptiver Methoden bezogen auf hundert Frauenjahre von 30 zwischen Eheschließung und erster Schwangerschaft auf 9 nach der zweiten Lebendgeburt absinkt.

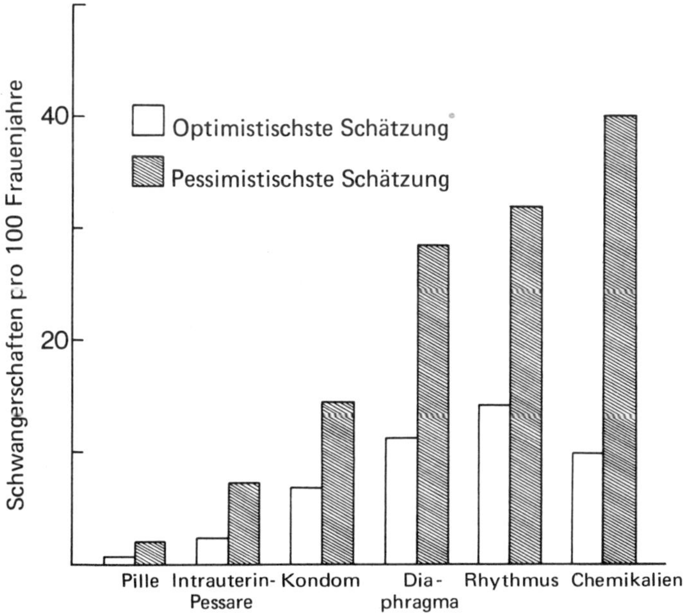

Abb. 2-6. Versagerquote bei verschiedenen kontrazeptiven Methoden. Wie bereits im Text beschrieben, variieren die Schätzungen der Zahl der Schwangerschaften von 100 Frauenjahren mit dem sozioökonomischen Zustand und dem Status der Familie. In der Abbildung sind jeweils die geringsten und höchsten Fehlerraten angegeben, wie sie in der Literatur beschrieben sind. (Nach J. Peel and D. M. Potts. *Textbook of Contraceptive Practice.* Cambridge University Press. Fig. 5, 1970)

Im Hinblick auf ihre Wirksamkeit stehen die oralen Kontrazeptiva an erster Stelle, gefolgt von den Intrauterinpessaren und den mechanischen Methoden (Vaginalkappe, Kondom). Koitus interruptus, Vaginalspermizide und Rhythmusmethode stehen am Ende der Skala (Abb. 2-6). Natürlich ist das keine absolut gültige Rangordnung. Ein wirksames Spermizid kann bei vernünftiger Anwendung wirksamer sein als die Pille bei unregelmäßiger Anwendung. Leichte Zugänglichkeit und Bereitschaft zur richtigen Anwendung kann wichtiger sein als die objektive Wirksamkeit. Keine Methode ist absolut sicher, und selbst die Sterilisation von Mann oder Frau hat eine Fehlerquote. Es sind schon ektopische Schwangerschaften nach Entfernung der Gebärmutter beschrieben worden und das Überleben eines Zwillingspartners nach Abtreibung des anderen.

Es ist bezweifelt worden, ob die gebräuchlichen reversiblen Kontrazeptionsmethoden zur Begrenzung der lebenslangen Fertilität im Hinblick auf die in der westlichen Welt angestrebte Familiengröße und die erstrebenswerte Familiengröße in vielen Entwicklungsländern ausreichen. Sehr häufig wird Anfang Zwanzig geheiratet, und es werden zwei oder drei Kinder geplant, die in den späten zwanziger oder frühen dreißiger Jahren geboren werden. In der langen Zeitspanne danach, die bis zu 20 Jahre dauern kann, sind alle reversiblen Kontrazeptionsmethoden mit einer erheblichen kumulativen Fehlerrate behaftet (Tab. 2-1). Um solche Fehler zu vermeiden, müßte entweder bald nach der letzten geplanten Schwangerschaft sterilisiert werden, oder es müßte nach einem aufgetretenen Fehler abgetrieben werden. Beides müßte in der Praxis möglich sein.

Tabelle 2-1. Anteil von Frauen, die ein Fruchtbarkeitsziel von 3 Kindern während einer reproduktiven Zeitspanne von 20 Jahren erreichten oder überschritten haben und die verschiedene kontrazeptive Techniken verwendeten (Intrauterinpessare, Vaginalkappen, Kondome). (Nach J. F. Hulka, *Amer. J. Obst. Gynec.* **104,** 443, 1969)

Kategorie	Prozent
Frauen, die das gewünschte Ziel von drei Kindern erreicht haben	16,0
Frauen mit einer zusätzlichen (ungeplanten) Schwangerschaft	33,5
Frauen mit zwei zusätzlichen (ungeplanten) Schwangerschaften	30,0
Frauen mit drei- oder mehr zusätzlichen Schwangerschaften	20,5
Summe aller über das Ziel von drei Kindern hinausgehenden Schwangerschaften	84,0

Gefahren der Geburtenkontrolle

Einige kontrazeptive Methoden bergen mögliche oder erwiesene Gefahren in sich. Die Rhythmusmethode kann die Häufigkeit von Mißgeburten erhöhen, denn eine systematische Trennung von Koitus und Ovulation kann leicht zur Befruchtung überalterter Gameten führen. Dieser Zusammenhang konnte bei Tieren bewiesen werden. Eine epidemiologische Untersuchung in Boston hat eine hohe Rate von Mißgeburten (Anenzephalie) bei Katholiken und eine niedrigere bei Juden ergeben (deren religiöse Tabus sich von denen der Katholiken diametral unterscheiden); der Unterschied könnte allerdings auch genetischer Natur sein. Befruchtung in einem späteren Zyklusabschnitt erhöht auch das Risiko von ektopischen Schwangerschaften und somit das Risiko für die Mutter.

Spermizide mit oder ohne Diaphragma können, wenn sie die Spermatozoen nur schädigen und nicht abtöten, zu Fehlentwicklungen des Embryos führen. Es gibt hierzu keine genauen Untersuchungen, aber es ist anzunehmen, daß die Wahrscheinlichkeit für solche Fehlentwicklungen gering ist. Spermizide können allerdings zu harmlosen Vaginalreizungen führen.

Eine retrospektive Untersuchung zum Gebrauch von Intrauterin-Pessaren in den Vereinigten Staaten von Amerika hat eine geringe Erhöhung der Sterblichkeit ergeben. Da aber die Anzahl der Trägerinnen von Intrauterin-Pessaren in den USA nicht bekannt ist, kann das Risiko nicht genau abgeschätzt werden. Die Todesfälle beruhten auf schweren Unterleibsinfektionen, Peritonitis und Perforationen des Uterus. Leichte Infektionen, die nicht lebensgefährlich sind, kommen wahrscheinlich bei etwa 1 % der Pessar-Trägerinnen vor. Zur Frage eines möglicherweise erhöhten Risikos für die Induktion von Uteruskrebs, das durch die Verarbeitung von Schwermetallen in den Intrauterin-Pessaren möglicherweise zusätzlich gesteigert werden könnte, liegen bisher noch keine Untersuchungen vor. Die Datenerhebung dürfte allerdings auch sehr schwierig sein.

Die Risiken, die mit dem Gebrauch von Steroidkontrazeptiva verbunden sind, sind genauer untersucht als die Risiken bei Anwendung von anderen Methoden. Die Literatur zu diesem Thema ist umfangreich und widersprüchlich. Wie alle neuen Errungenschaften in der Medizin sind auch die Steroidkontrazeptiva mit Risiken behaftet, die unvorhersehbar sind und erst nach weitverbreiteter Anwendung erkannt und ausgeschlossen werden können. Synthetische Ovarialhormone haben vielfältige Wirkungen (siehe Band 3). Eine verantwortungsbewußte Entscheidung über ihre Anwendung und eine sinnvolle Überwachung sind durch Erfassung aller erreichbaren Informationen notwendig. Inzwischen sind mehrere Nebenwirkungen der oralen Kontrazeptiva bekannt geworden. Viele sind nur leicht und haben kaum Konsequenzen, einige aber könnten in Ausnahmefällen sogar todlich sein. Hierzu sind Tierexperimente unbedingt notwendig, wenn es auch schwierig ist, deren Ergebnisse auf den Menschen zu übertragen. Kleine, sorgfältig kontrollierte klinische Testungen sind nützlich, können jedoch seltene Nebenwirkungen kaum aufdecken. Prospektive Untersuchungen an sehr vielen Benutzerinnen der Pille sind bisher noch nicht in genügendem Ausmaß durchgeführt worden. Die Anzahl von Probanden, die in einer prospektiven Untersuchung erfaßt werden müßten, wird bestimmt durch den Zeitraum, über den die Untersuchung laufen soll, durch die Häufigkeit der untersuchten Krankheit in der Kontrollpopulation und durch die vom Untersucher geforderte statistische Signifikanz. Soll etwa die Hypothese getestet werden, der Gebrauch oraler Kontrazeptiva verdoppele die Häufigkeit des Brustkrebses, dann müßten bei einer Signifikanz von 0,05 und bei einem Untersuchungszeitraum von einem Jahr 85000 Frauen untersucht werden, die orale Kontrazeptiva verwenden, und 85000, die sie nicht verwenden. Eine so große Anzahl von Menschen in einer prospektiven Untersuchung zu erfassen, ist schlechterdings unmöglich. In einer solchen Gruppe werden immer wieder Schwankungen auftreten, die durch Ortswechsel von Probanden, Wechsel des Arztes oder Wechsel des Pillentyps, Unregelmäßigkeiten in der Einnahme der Pille oder aber durch Änderungen der kontrazeptiven Methode zustande kommen können. Einige prospektive Untersuchungen zur Frage der Gesamtwirkung oraler Kontrazeptiva sind mit 10000 bis 25000 Frauen geplant, ob sie allerdings je erfolgreich abgeschlossen werden können, ist fraglich. Leichter durchführbar sind retrospektive Untersuchungen, bei denen Probanden mit Kontrollpersonen verglichen werden (hierbei werden aus einer Gruppe von Frauen mit einer bestimmten Krankheit solche ausgewählt, die orale Kontrazeptiva verwenden, und mit der gleichen Anzahl entsprechender Kontrollen verglichen). Solche Untersuchungen wurden schon im Hinblick auf Thromboembolien durchgeführt. Die Anzahl der Probanden, die hierbei für ein statistisch relevantes Ergebnis benötigt werden, ist klein. Sie hängt nicht von der Häufigkeit der Krankheit in der Normalbevölkerung ab, sondern von der Zahl der Frauen, die orale Kontrazeptiva verwenden. Benutzen etwa ein Viertel aller Frauen einer Population die Pille, kann ein Signifikanzwert von 0,05 schon erreicht werden, wenn 120 Probandinnen mit der fraglichen Krankheit mit 120 Kontrollen verglichen werden.

Das Problem der richtigen Verarbeitung verfügbarer Daten kann an zwei typischen Beispielen zweier möglicher Nebenwirkungen oraler Kontrazeptiva aufgezeigt werden. Die Thromboembolie ist gut bekannt, Blutgerinsel in den Blutgefäßen unterbinden die Blutzufuhr zu entsprechenden Organbezirken. Das Ausmaß der Krankheit hängt von der Größe des Koagulums und vom betroffenen Organ ab. Seit 1961 sind Krankheitsfälle bei Frauen, die orale Kontrazeptiva verwenden, beschrieben worden, aber erst 1967 erwies eine retrospektive Untersuchung eine positive Korrelation zwischen oralen Kontrazeptiva und Thromboembolien. Die Krankheit ist, besonders nach der Geburt, in England und Amerika häufiger als in vielen Entwicklungsländern. Die Befunde in westlichen Ländern mögen auf Frauen in Entwicklungsländern nicht zutreffen, aber in nächster Zukunft werden dort wohl kaum retrospektive Untersuchungen durchgeführt. Weitere Studien in England und Amerika haben den Zusammenhang zwischen oralen Kontrazeptiva und Thromboembolie bestätigt und gezeigt, daß Frauen über 35 gefährdeter sind als jüngere. Das Risiko einer Thromboembolie scheint nicht mit der Dauer der Pilleneinnahme korreliert zu sein. Es gibt eine Beziehung zwischen der Wahrscheinlichkeit, die Krankheit zu bekommen, und der Blutgruppe von Frauen, die Steroidkontrazeptiva verwenden (Frauen mit der Blutgruppe 0 sind unter den Erkrankten unterrepräsentiert). Die Häufigkeit postoperativer Thrombosen ist bei Frauen, die die Pille verwenden, höher als bei entsprechenden Kontrollen. Es gibt Hinweise darauf, daß das Risiko, an Thromboembolie zu erkranken, mit der Östrogendosis korreliert ist. Diese Befunde sind so schwerwiegend, daß sie die nationalen Gesundheitsbehörden zum Eingreifen veranlassen sollten, wenn auch noch viele Einzelheiten bei der Interpretation der Befunde unklar sind. Einige Fälle von Herzinfarkt bei Frauen (Unterbrechung der Blutgefäße im Herzmuskel) legen die Vermutung nahe, daß hier möglicherweise ein komplexer Zusammenhang mit der Einnahme oraler Kontrazeptiva besteht. Bis jetzt konnte nicht nachgewiesen werden, ob die in oralen Kontrazeptiva verwendeten synthetischen Östrogene – Ethinyloestradiol und Mestranol – die gleichen Nebenwirkungen haben oder ob sie sich im Hinblick darauf, wie ja auch in ihren anderen biologischen Aktivitäten, unterscheiden. Das Problem wird dadurch noch komplizierter, daß einige Progestagene im Stoffwechsel zum Teil zu Östrogenen umgebaut werden.

Die epidemiologischen Untersuchungen über die Nebenwirkungen der Pille gehören zu den kompliziertesten in der modernen Medizin. Das große Interesse an diesem Problem hat zu einem Phänomen geführt, das man als epidemiologisches Unsicherheitsprinzip bezeichnen könnte. Bei bestimmten Leiden, wie etwa Krampfadern, wird vom Gebrauch der Pille abgeraten. Da Frauen mit Krampfadern weitgehend nicht zu den Benutzerinnen oraler Kontrazeptiva gehören, wird es wohl niemals möglich sein, objektiv zu entscheiden, ob eine solche Vorsicht wirklich gerechtfertigt ist.

Die Frage nach einer möglichen krebserregenden Wirkung von Steroidkontrazeptiva ist noch schwieriger zu beantworten. Konzentration und Verhalten der zirkulierenden Hormone werden bei Frauen, die orale Kontrazeptiva verwenden, sehr leicht verändert. Einige Krebsarten scheinen auf den Hormonspiegel und auf das Spektrum ovarialer Hormone anzusprechen. Die Untersuchung solcher Zusammenhänge wird durch die lange Latenzzeit der meisten Krebserkrankungen und durch unser immer noch nicht ausreichendes Wissen über Ursachen und Kontrolle dieser Erkrankungen erschwert. Tierexperimente sind wegen der Vielzahl von Variablen in der Anlage der Experimente nur schwer auf den Menschen übertragbar. Theoretisch könnten Steroidkontrazeptiva die Häufigkeit von Krebs in jedem Organ herabdrücken, steigern oder auch unbeeinflußt lassen. Sie könnten aber auch gleichzeitig in verschiedenen Organen gegensätzliche Wirkungen haben. Schließlich könnten verschiedene Steroide unterschiedlich wirken.

Bisher konnte eine krebserregende Wirkung von oralen Kontrazeptiva nicht nachgewiesen werden. Eine noch viele Jahre andauernde ständige Beobachtung wird notwendig sein, um diese Frage endgültig zu klären, vielleicht ist die Pille bis dahin bereits durch bessere Methoden ersetzt.

Man sollte offen zugeben, daß ein Risiko für die einzelne Frau kaum verringert werden kann. Wenn die Pille das Krebsrisiko erhöht, sind alle Benutzerinnen diesem Risiko ausgesetzt, wird das Krebsrisiko gesenkt, dann profitieren alle davon. Leider können viele Ärzte nicht zwischen Maßnahmen der Präventivmedizin, wie etwa der Untersuchung von Abstrichen der Cervixschleimhaut, und zwischen der Unmöglichkeit, ein durch Gebrauch von Kontrazeptiva entstehendes Risiko für den einzelnen Menschen zu senken, unterscheiden.

Ähnliche Schwierigkeiten ergeben sich bei der Untersuchung anderer möglicher Einflüsse, wie etwa Änderungen im Fett- und Kohlenhydratstoffwechsel. Man weiß, daß derartige Änderungen vorkommen, aber ihre Wirkungen sind kaum bekannt, und es gibt keine Methode zur Erkennung besonders gefährdeter Frauen. Im allgemeinen unterliegen Frauen, die ohnehin schon belastet sind, wie etwa Diabetikerinnen, während der Schwangerschaft auch einem höheren Krankheits- und Sterberisiko.

Die operativen Methoden der Geburtenkontrolle unterliegen dem Risiko jedes operativen Eingriffes, wie Blutverlust oder Infektion. Bei einer Sterilisation der Frau besteht die Gefahr von Todesfällen infolge der Narkose, und das ist einer von vielen Gründen, warum man einem Ehepaar die Vasektomie empfiehlt. Hier muß aber auch daran erinnert werden, daß irreversible Methoden durchschnittlich 10 bis 15 Jahre vor Schwangerschaften schützen. Das Risiko bei einem induzierten Abort besteht in Blutungen, Perforationen des Uterus und Infektionen (die zur dauernden Sterilität führen können). Die Gefahr nimmt nach der 12. Schwangerschaftswoche schnell zu. Vorher ist eine Abtreibung risikoloser als ein Austragen der Frucht.

Wollte man das Risiko für die Frauen möglichst gering halten , dann bestände die sicherste Methode der Geburtenkontrolle darin, legale Abtreibung mit simplen Kontrazeptionsmethoden, wie Kondomen, Spermiziden oder Koitus interruptus, zu kombinieren. Niemand hat sich jemals mit einem Kondom umgebracht.

Es gibt viele Untersuchungen zur Frage möglicher psychologischer Nebenwirkungen der kontrazeptiven Methoden, besonders der Sterilisation und der Abtreibung. Die Ergebnisse sind widersprüchlich und geben oft ebenso die Ansichten der Untersucher wie die der Untersuchten wieder. Im Hinblick auf die Familienplanung beginnt man langsam einzusehen, daß die meisten Menschen als Erwachsene betrachtet werden sollten und daß deren persönliche Entscheidungen in der Regel die besten sind. Bei der Todeskontrolle sucht der Arzt nach spezifischen Indikationen, bei der Geburtenkontrolle scheint er lediglich nach den seltenen Fällen zu suchen, in denen man den Wünschen eines Ehepaares nicht folgen sollte. Die Diskussion auf diesem Gebiet wird wohl weitergeführt werden, denn sie wird sich immer wieder neu an unvermeidlichen Zwischenfällen entzünden, die bei der weltweiten Anwendung kontrazeptiver Methoden gar nicht auszuschließen sind.

Einschätzungen und Zukunftsperspektiven

Jede Methode der Empfängnisverhütung hat ihre spezifischen Nachteile. Eine richtige Einschätzung der verschiedenen kontrazeptiven Methoden muß Aspekte, wie Annehmbarkeit, Nebenwirkungen und Wirksamkeit, berücksichtigen. Eine derartige Einschätzung wird noch dadurch erschwert, daß die Methoden gewechselt oder daß mehrere gleichzeitig angewandt werden können.

Die Gefahren der Empfängnisverhütung müssen in der richtigen Relation gesehen werden. Sexuelle Erregung kann zum Herz- oder Gehirnschlag und somit zum Tode führen. Die durch orale Kontrazeptiva bedingten Todesfälle sind, verglichen mit den anderen Risiken des täglichen Lebens, äußerst selten. In England sterben zehnmal mehr Menschen beim Schwimmen oder Bootfahren, als an der Verwendung oraler Kontrazeptiva. Ein Mitglied einer Arzneimittelkommission hat anläßlich einer öffentlichen Debatte über orale Kontrazeptiva gesagt: »Es ist schade, daß die öffentliche Meinung und die Presse so wankelmütig sind. Die Äußerung des Komitees, daß die Östrogenkonzentration in oralen Kontrazeptiva ein Risikofaktor für das Auftreten einer Thrombose ist, hat eine große Publizität erlangt, die Veröffentlichung einer Arbeit, die vermuten läßt, daß mehr als 3500 Todesfälle bei Asthmatikern wahrscheinlich durch exzessiven Gebrauch von Aerosolsprays hervorgerufen worden waren, findet aber in der Öffentlichkeit kaum Beachtung.«

Es ist auch sinnvoll und notwendig, das Risiko der Anwendung von Kontrazeptiva gegen dasjenige ihrer Nichtanwendung abzuwägen, wobei die Wahrscheinlichkeit ungewollter Schwangerschaften bei jeder Methode mit bedacht werden muß. Hierbei muß keine bis ins Detail gehende Bilanz aufgestellt werden, es sollte aber nachdrücklich darauf hingewiesen werden, daß das Risiko, nach Gebrauch von oralen Kontrazeptiva an Thrombose zu sterben, nicht höher ist als das Sterberisiko bei einer ungewollten Schwangerschaft, die bei anderen, weniger wirkungsvollen Methoden der Kontrazeption eintreten kann. In Entwicklungsländern mit hoher Müttersterblichkeit verschiebt sich dieses Verhältnis noch mehr zu den effektiven Methoden.

Annehmbarkeit und Wirksamkeit sind aber nicht die einzigen Faktoren, die eine Verbreitung von Kontrazeptiva beeinflussen. Fast überall auf der Erde sind niedrige Kosten und Unabhängigkeit von ärztlicher Aufsicht wichtig. So sind etwa in den USA die Kosten, die eine Frau pro Jahr für Kontrazeptiva aufbringt, annähernd so hoch wie das Pro-Kopf-Einkommen in Haiti und fünfmal so hoch wie das Pro-Kopf-Gesundheitsbudget in den meisten Lateinamerikanischen Ländern. Ein begrenzender Faktor bei der Anwendung von Intrauterin-Pessaren ist das Personal, das sie einsetzen und überwachen kann. Es ist sehr bedauerlich, daß die kommerzielle Verteilung oraler Kontrazeptiva so schlecht organisiert ist.

Komplizierte Methoden zur Geburtenkontrolle wurden in armen Ländern zunächst häufig verwendet, verloren aber schnell wieder an Bedeutung. Nach der Entdeckung von Zipper in Chile, daß Zusatz von Schwermetallen, besonders von Kupfer, zu dem Plastikmaterial von Pessaren die Schwangerschaftsrate deutlich senkt, könnte zur Entwicklung kleinerer Intrauterin-Pessare mit geringen Nebenwirkungen und somit zu einer Wiederbelebung der Anwendung dieser Methode führen. Verbesserungen der Steroidkontrazeptiva sind besonders deshalb sobald nicht zu erwarten, weil die amtlichen Auflagen für die Neuzulassung von Medikamenten sehr restriktiv sind, aber auch wegen der negativ eingestellten öffentlichen Meinung. Eine kontinuierliche Progestagenbehandlung würde aus vielen Gründen eine wesentliche Verbesserung gegenüber kombinierten Präparaten darstellen, sie ist aber, nachdem über negative Nebenwirkungen bei Hunden berichtet wurde, äußerst erschwert worden. Befunde am Hund sollten aber, so wichtig sie auch sind, nicht zur Aufgabe der Methode führen.

Wahrscheinlich wird in den letzten Jahrzehnten dieses Jahrhunderts global gesehen die Abtreibung eine weiter zunehmende Rolle bei der Geburtenkontrolle spielen. Die Einstellung zur Kontrazeption ist wichtiger als die technischen Möglichkeiten, und beide werden mehr und mehr revolutioniert. Ambulant durchgeführte Abtreibungen während der frühen Schwangerschaft sind billig und gefahrlos. Grundlegende Änderungen in den kontrazeptiven Techniken könnten sich wahrscheinlich durch die Anwendung von Prostaglandinen ergeben.

Prostaglandine

Die Prostaglandine könnten einmal wichtiger werden als die Pille. Mindestens könnten sie eine Revolutionierung der Geburtenkontrolle in einem Ausmaße ermöglichen, wie sie bei einer Bewältigung des Wachstums der menschlichen Population im ausgehenden Zwanzigsten Jahrhundert notwendig ist. Wie Pille und Intrauterin-Pessare waren die Prostaglandine lange bekannt, bevor ihre Möglichkeiten für die Fertilitätskontrolle erkannt wurden. Ihre Struktur wurde in den sechziger Jahren entdeckt, und ab 1964 gab es bereits kleine Mengen gereinigter Prostaglandine. Die Synthese gelang in den späten sechziger Jahren, und ab 1970 stehen Kilogramm-Mengen zur Verfügung.

Prostaglandine stimulieren unabhängig vom Vorhandensein eines Embryos die Kontraktion des Uterus. Sie führen zur Abstoßung des Endometriums, wenn sie kurz vor der Menstruation gegeben werden, und initiieren die Wehen am Ende der Schwangerschaft. In früheren Untersuchungen wurden sie intravenös gegeben. Karim in Uganda konnte 1970 zeigen, daß die Prostaglandine auch nach oraler Einnahme die Wehen einleiten und daß sie, über die Vagina verabreicht, zum Abort führen. Die Prostaglandine könnten also ohne ärztliche Aufsicht verwendet werden, eine wahrhaft revolutionierende Möglichkeit für die Familienplanung.

Sicherlich müssen noch viele Schwierigkeiten überwunden werden, bis die Prostaglandine vielleicht eines Tages in der Familienplanung eingesetzt werden können. Mit zunehmender Erfahrung werden möglicherweise gravierende Nebenwirkungen aufgedeckt werden, allerdings haben Nebenwirkungen bei Abtreibungen bisher nicht dazu geführt, daß man auf sie verzichtet hätte. Die Zulassung der Prostaglandine durch die amerikanische Food and Drug Administration kann gut und gerne 10 Jahre dauern und wird annähernd 20 Mio. Dollar kosten. Letztendlich wird dann aber wohl das Ausmaß der geforderten medizinischen Überwachung bei der Anwendung der Prostaglandine der wichtigste begrenzende Faktor für ihre Verbreitung sein.

Eine Einheitslösung für das komplexe Problem der Geburtenkontrolle beim Menschen wird es in absehbarer Zeit kaum geben. Ein großer Bedarf wird weiterhin für einfache Methoden, wie etwa die Spermizide, bestehen; die Pille gehört dagegen zu den luxuriösen Methoden. Wenn in Asien nur jedes fünfte Ehepaar den Koitus interruptus anwenden würde, dann wäre das Ergebnis sicher eindrucksvoller als das, was bisher trotz großer amtlicher Aktivitäten erreicht wurde.

Ergänzende Literatur

Evaluation of rare adverse effects of systemic contraceptives. R. Doll and M. P. Vessey. *British Medical Bulletin* **26**, 33-8 (1970).

The Hull family survey. 1. The survey couples 1966. J. Peel. *Journal of Biosocial Science* **2**, 45-70 (1970).

Post conceptive control of fertility. D. M. Potts. *International Journal of Gynaecology and Obstetrics* **8**, 957-70 (1970).

Effectiveness and risks of birth control methods. D. M. Potts and G. I. M. Swyer. *British Medical Bulletin* **26**, 26-32 (1970).

Epidemiological problems associated with studies on the safety of oral contraceptives. D. Seigel and P. Corfman. *Journal of the American Medical Association* **203**, 950-4 (1968).

Parents and Family Planning Services. A. Cartwright. London; Routledge & Kegan-Paul (1970).

A Medical History of Contraception. N. E. Himes. New York; Gamut Press (1963).

Comments on Steroidal Contraception. Ed. R. C. Kelinman, London; International Planned Parenthood Federation (1970).

Fertility and Contraception in the Human Female. J. A. Loraine and E. T. Bell. Edinburgh; Livingstone (1968).

Textbook of Contraceptive Practice. J. Peel and D. M. Potts. London; Cambridge University Press (1969).

3 Chemische Methoden bei der Kontrazeption im männlichen Geschlecht

Harold Jackson

Verglichen mit dem gewaltigen Forschungsaufwand, der dem weiblichen Geschlecht gewidmet wurde, hat die Frage nach einer chemischen Kontrolle der Fruchtbarkeit im männlichen Geschlecht bisher relativ wenig Aufmerksamkeit gefunden. Es handelt sich um ein sehr schwieriges Problem, bei dem der Fortschritt bisher nur langsam war und weiterhin bleiben wird. Die Kosten der Entwicklung möglicher kontrazeptiver Chemikalien für das männliche Geschlecht und für deren klinische Prüfung werden besonders deshalb immer höher, weil die von den Gesundheitsbehörden verfügten Sicherheitsbestimmungen für die Einführung neuer Mittel immer restriktiver werden. Im allgemeinen ist nach den notwendigen hohen Investitionen dann nur noch wenig Profit zu machen. Dennoch sind inzwischen einige wirkungsvolle Inhibitoren der Spermienbildung oder Spermienfunktion bekannt und sollten dazu ermutigen, die Suche nach einer »Pille« für den Mann voranzutreiben.

Schwierigkeiten bei der Entwicklung von Kontrazeptiva für den Mann

Der Erfolg der »Pille« bei der Frau hat die Forschungsarbeit auf diesem Gebiet immer weiter vorangetrieben. Beim Mann dagegen sind wir bis jetzt darauf angewiesen, die Spermatogenese oder die morphologisch voll ausgebildeten Spermatozoen auf ihrem Weg durch den Nebenhoden zu beeinflussen. Bisher gibt es fast keine Richtlinien, an die man sich bei der Suche nach geeigneten Chemikalien halten könnte. Eingriffe in die Funktionen von Hypothalamus und Hypophyse wären vorstellbar, sind aber wohl kaum zu verwirklichen. Die Bildung männlicher Keimzellen ist von einem konstanten Blutspiegel hypophysärer Gonadotropine abhängig. Die für eine völlige Unterdrückung der Spermatogenese notwendige Senkung des Hormonspiegels ist kaum erreichbar und würde wohl auch die Androgensekretion und damit die Libido unterdrücken. Im weiblichen Geschlecht kann der Gonadotropinstoß, der zur Ovulation führt, leicht durch Progesteron unterdrückt werden, und das ist auch einer der Mechanismen, auf denen die Wirkung von Kombinations- oder Sequenzpräparaten oraler Kontrazeptiva beruht. Eine Beeinflussung der Spermatogenese könnte auch zu einem möglichen genetischen Risiko führen, das man aber wahrscheinlich umgehen könnte. Angesichts des ungeheuren Wachstums der menschlichen Population sollten alle Möglichkeiten zu deren Eindämmung genutzt werden. Wir wären schlecht beraten, wollten wir dabei das männliche Geschlecht außer acht lassen.

Entscheidend wichtig bei einer erfolgreichen Kontrazeption im männlichen Geschlecht ist, daß die Spermatogenese ein zeitlich determinierter Prozeß ist. Daher ist es möglich, nach gezielter chemischer Beeinflussung unterschiedlicher Spermatogenesestadien genau voraussagbare Sterilitätsperioden zu induzieren. Beim Menschen dauert die Spermatogenese etwa 10–11 Wochen mit zusätzlich noch 1–2 Wochen für die Reifung der Spermien und den Transport durch den Nebenhoden. Bei Ratten und Mäusen dauert der gesamte Vorgang etwa 10 bzw. 6 Wochen. Ein chemischer Eingriff in die Hodenaktivität könnte somit je nach dem beeinflußten Spermatogenesestadium frühestens nach 2–3 Wochen und spätestens nach 2–3 Monaten zu spermienfreiem Ejakulat führen. Eine schnell einsetzende Sterilität kann erreicht werden, wenn die Spermien im Nebenhoden unfruchtbar gemacht werden. Spermienproduktion und Spermienabgabe sind kontinuierliche Prozesse, und somit ist eine andauernde Behandlung notwendig, um eine einmal erreichte Sterilität aufrechtzuerhalten.

Experimentelle Analysen

Noch vor wenigen Jahren war kaum vorstellbar, daß mit chemischen Methoden die Fruchtbarkeit des männlichen Säugetieres beeinflußt werden könnte, ohne gleichzeitig sein Sexualverhalten zu stören, oder daß mit Hilfe einer Beeinflussung unterschiedlicher Spermatogenesestadien spezifische Sterilitätsperioden induziert werden könnten. Die Möglichkeit einer gezielten Beeinflussung der männlichen Fruchtbarkeit eröffnete sich nach der etwa zur gleichen Zeit erfolgten Entdeckung der sterilisierenden Wirkung von Tretamin (TEM) bei Ratten und der antispermatogenen Wirkungen des Nitrofurans.

Zum Nachweis sterilisierender Wirkungen einer chemischen Verbindung werden behandelte und unbehandelte Männchen wöchentlich mit normalen Weibchen verpaart. Solche Fertilitätstests wurden für Ratten, Mäuse und japanische Wachteln entwickelt. Beim Kaninchen kann der Behandlungserfolg an gewonnenem Ejakulat nachgewiesen werden.

Die Spermatogenese bei Labornagern ist ein kontinuierlicher, »fließbandartiger« Prozeß, der mit großer Präzision kontrolliert wird. Bei der wöchentlich erfolgenden Verpaarung behandelter Ratten- oder Mäuseböcke werden somit jeweils die Spermatozoen getestet, die aus den Zellstadien hervorgegangen sind, die zur Zeit der Behandlung im Hoden vorhanden waren. Die Perioden reduzierter oder vollständiger Sterilität erlauben somit Rückschlüsse auf die Zellstadien der Spermatogenese, die auf die Behandlung besonders empfindlich reagieren (Tab. 3-1). Nach chronischer Behandlung kann nachgewiesen werden, ob sterilisierende Effekte reversibel sind und ob Resistenzerscheinungen gegen die Testsubstanz auftreten.

Die chemische Zusammensetzung der Samenflüssigkeit ist gut untersucht. Eine Zuordnung sterilisierender Wirkungen zu bestimmten biochemischen Veränderungen in der Samenflüssigkeit ist bisher aber kaum möglich. Vielleicht wird

Tabelle 3-1. Dauer der Spermatogenenesestadien bei der Ratte

Zelltyp	Zeitspanne bis zur Freisetzung als Spermatozoen (Wochen)
Stammzellen	?
Spermatogonien	8–9
Spermatozyten	
Ruhestadium und Meiose	5–8
Spermatiden	
Freisetzen der Spermien aus dem Hoden	2–5
Spermien im Nebenhoden	0–2

es eines Tages Kontrazeptiva geben, deren Wirkungen auf einer Veränderung der Bestandteile der Nebenhodenflüssigkeit oder anderer akzessorischer Sekrete beruhen.

Beeinflussung der Hodenfunktion

Einzelne Stadien der Spermatogenese konnten mit verschiedenen Substanzen von Steroid- und Nichtsteroidnatur gehemmt werden. Derartige Substanzen eignen sich am besten zur Induktion länger anhaltender oder sogar permanenter Sterilität, obwohl die Stammzellen eine erstaunliche Regenerationsfähigkeit haben. Am empfindlichsten reagieren die meiotischen Phasen der Spermatogenese auf Chemikalien oder Hitze (es ist bekannt, daß diese Stadien androgenabhängig sind). Einige Chemikalien beeinflussen die Meiose, indem sie direkt auf das Samenepithel einwirken, andere greifen in den Kontrollmechanismus im Gehirn und in der Hypophyse ein, die dabei induzierten Veränderungen in der Zellpopulation des Hodens ähneln denen, die nach operativer Entfernung der Hypophyse auftreten (Hypophysektomie).

Induktion antispermatogener Wirkungen durch Hemmung der Hypophysenfunktion

Eine Unterdrückung der Gonadotropinsekretion in der Hypophyse führt immer auch zu antispermatogenen und antifertilen Wirkungen. Eine Blockierung der LH-Sekretion aus der Hypophyse führt zu einer Verminderung der Androgensekretion des Hodens, zum Stillstand der Spermatogenese und zum Verlust der Libido. Viele zentral wirkende Verbindungen, die nicht zu den Steroiden gehören, wie etwa Reserpin, 5-Hydroxytryptamin und Iproniazid, hemmen die Aminoxydase, unterdrücken die Spermatogenese und beeinflussen die männliche Fertili-

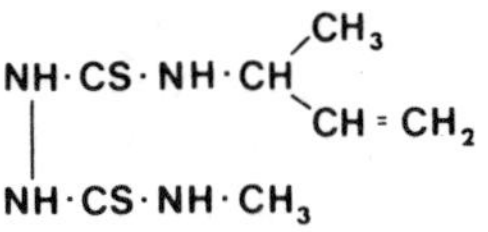

Abb. 3-1. Methallibur

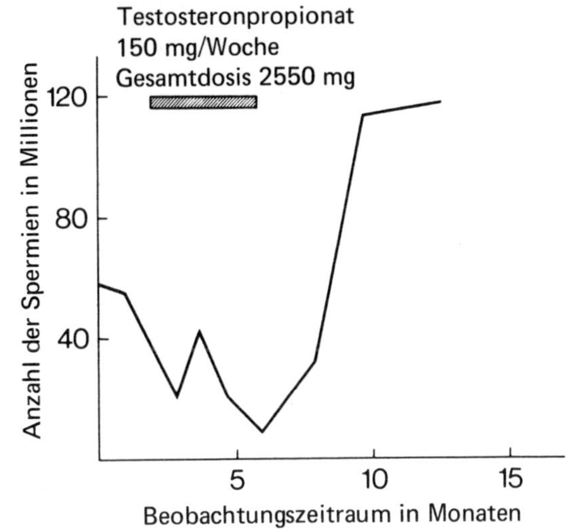

Abb. 3-2. Hemmung der Spermatogenese nach Behandlung eines Mannes mit Testosteron.

tät. Das Hydrazinderivat Methallibur (ICI 33828; Abb. 3-1) (siehe auch Kap. 1) verhindert die Sekretion von Gonadotropin und führt bei der Ratte zu einer reversiblen Unterdrückung der Spermatogenese, allerdings nur nach relativ hohen täglichen Dosen, die auch die sexuelle Aktivität der Tiere beeinflussen.

Steroidhormone und ihre synthetischen Derivate können die Sekretion hypophysärer Gonadotropine über ihre negative Rückkoppelung auf den Hypothalamus hemmen und sowohl die Spermatogenese als auch die Sekretion von Testosteron blockieren. Testosteron selbst kann die Spermienproduktion bei Mensch und Tier unterdrücken, wenn es ständig in ausreichenden Dosen verabreicht wird (Abb. 3-2). Zu hohe Testosterondosen stimulieren allerdings direkt den Hoden und führen trotz der Hypophysenhemmung zur Aufrechterhaltung der Spermatogenese.

Oral ist Testosteron selbst unwirksam, aber eine chemische Veränderung des Moleküls, wie etwa beim Methyltestosteron (Abb. 3-3), führt zu oraler Wirksamkeit. Einige dieser Derivate sind zur Hormontherapie beim Menschen verwendet worden, alle haben eine hemmende Wirkung auf die Gonadotropinsekretion und damit auch auf den Hoden. Mesterolon (1-Methyl-androstan-17β-ol-3-on)(Abb. 3-3) wirkt beim Menschen androgen, ohne die Gonadotropinsekretion zu hemmen und ohne die Spermienproduktion negativ zu beeinflussen. So-

Abb. 3-3. Androgene Steroide

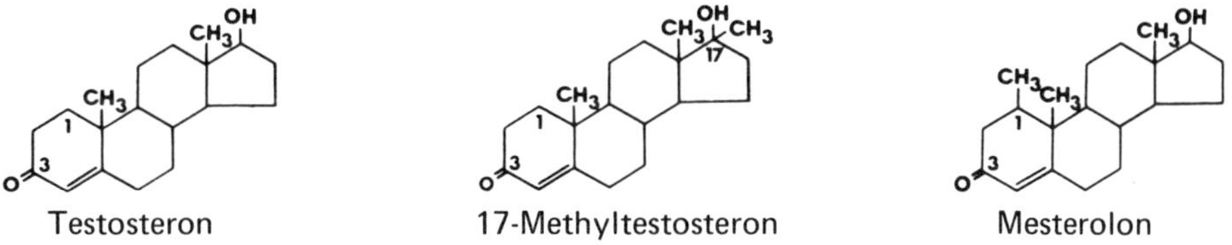

mit wäre es mit Hilfe von Kombinationstherapien möglich, androgene Wirkungen zu erreichen und gleichzeitig die Spermatogenese zu hemmen, ohne dabei die sexuelle Aktivität negativ zu beeinflussen. Letzteres ist eine unabdingbare Voraussetzung für ein männliches Antikonzeptivum. Leider schädigen alle oralen Androgene, vielleicht mit Ausnahme des Mesterolons, die Leber. Ein weiterer Nachteil ist, daß das Ejakulat erst 1–2 Monate nach der Behandlung spermienfrei ist.

Bei verschiedenen männlichen Säugetieren wird die Hypophyse besonders effektiv durch Östrogen gehemmt, der Mechanismus ist ähnlich wie der oben für Androgene beschriebene. Östrogenbehandlung führt zu einer Rückbildung der Leydig'schen Zwischenzellen und des Samenepithels, leider aber auch zu einer Feminisierung, wie Vergrößerung der Brustdrüsen. Bei Männern, die mit hohen Dosen des synthetischen Östrogens Stilboestrol behandelt wurden, waren die Hodenkanälchen verdickt, und es konnten nur noch Spermatogonien und Sertolizellen nachgewiesen werden. Natürliche und synthetische Östrogene sind hochwirksame Substanzen mit kumulativen Wirkungen. Es gibt nur wenige experimentelle Untersuchungen zur Wirkung chronischer Östrogenbehandlungen auf die Spermatogenese. Die Effekte sind von der untersuchten Tierart, der Dosis und der Behandlungsdauer abhängig. Mäuse und Ratten sind 10–15 Wochen nach dem Ende einer mehrmonatigen Östrogenbehandlung wieder normal fertil, bei Affen dauert die Erholungsphase (gemessen am Gewicht und am mikroskopischen Bild des Hodens) viel länger.

Einige progesteronähnliche Substanzen hemmen die Spermatogenese, aber normalerweise sind Verbindungen dieses Typs nicht besonders wirksam. Beim Menschen wurde über den Einfluß zweier »Depot-Steroidpräparate« auf den Hoden berichtet. Es handelt sich um subkutane Injektionen, die nur langsam resorbiert werden und damit eine Langzeitwirkung haben. Das eine Präparat, ein Testosteronester (Oenanthat), unterdrückte die Spermatogenese, ohne die Libido zu beeinflussen; das andere, ein Steroid vom Progesteron-Typ, das Medroxyprogesteron-Acetat (Provera), führt zu schweren Hodenschädigungen. Bei einigen Probanden wurden für etwa 70 Tage nach der ersten oder auch einzigen Dosis nahezu keine Spermien produziert. Zwei Monate nach der letzten Injektion des Testosteronderivates erreichte die Spermienzahl schnell wieder normale Werte. Nach Behandlung mit Medroxyprogesteron-Acetat hielt die Unterdrükkung der Spermatogenese deutlich länger an, und eine vollständige Erholung wurde erst nach einem Jahr erreicht. Beide Präparate, besonders aber das Medroxyprogesteron-Acetat, bedingten Spermienmißbildungen. Das führt natürlich bei der Anwendung derartiger Präparate zu Bedenken hinsichtlich möglicher Konsequenzen aus Befruchtungen durch geschädigte Spermien. Offenbar gibt es aber bisher keine experimentellen Befunde, die solche Bedenken rechtfertigen.

Zusammenfassend kann gesagt werden, daß Steroidpräparate für die Kontrolle der männlichen Fertilität geeignet sind, daß sie aber zur Verminderung oder zu völligem Verschwinden der Libido führen. Mit oralen Androgenen kann die Libido erhalten werden, aber Aspermie und Sterilität entwickeln sich erst nach einer erheblichen Latenzzeit. Testosteron ist oral nicht wirksam, zudem ist es teuer. Oral wirkende Testosteronderivate haben den zusätzlichen Nachteil, daß sie zu Leberschäden führen. Man hat ein Kombinationspräparat aus Östrogen und dem androgenen Steroid Mesterolon (das möglicherweise keine Leberschäden verursacht) vorgeschlagen. Aber auch hier würde sich eine Sterilität nur langsam entwickeln, so daß der Zusatz anderer Präparate erforderlich wäre, zudem sind die Folgen einer Langzeittherapie mit Östrogen kaum dazu angetan, ein solches Präparat zu empfehlen.

Direkte Wirkungen auf den Hoden

Die männliche Fertilität kann auch durch den Einsatz von Chemikalien beeinflußt werden, die direkt auf die spermatogenen Zellen oder auf die Spermatozoen während ihrer Wanderung durch den Nebenhoden einwirken. Die Bezeichnung »antispermatogen« galt ursprünglich nur für Substanzen, die spermienbildende Zellen hemmen oder zerstören. Heute wird diese Bezeichnung auch auf Substanzen angewendet, die die Spermien im Nebenhoden schädigen, ohne sie morphologisch zu verändern. Solche antispermatogenen Wirkungen können erst erkannt werden, nachdem die Spermien das Ei erreicht haben, oder erst dann, wenn sie in das Ei eingedrungen sind. Wir werden später noch darauf zurückkommen. Hier sollen zunächst Verbindungen besprochen werden, die einen Einfluß auf die Spermienbildung im Samenepithel haben. Man kennt Substanzen, die verschiedene Spermatogenesestadien selektiv beeinflussen.

Antispermatogoniale Substanzen

Wie die primären Spermatogonien (Stammzellen) zahlenmäßig konstant bleiben und dennoch das Samenepithel ständig mit spermatogenen Zellen versorgen, wurde in Kap. 3 des ersten Bandes behandelt. Typ A-Spermatogonien können leicht durch Bestrahlung zerstört werden. Das dabei entstehende Defizit an Zellen wird aber offenbar durch die Mobilisierung eines Reservoirs resistenter Spermatogonien wieder ausgeglichen. Ähnlich wie Strahlen wirken Chemikalien wie Busulphan (Myleran) (Abb. 3-4). Die Wirkung des bereits erwähnten Tretamins (TEM) soll auch auf einer Schädigung der Spermatogonien beruhen, obwohl diese Substanz letztlich, wie wir später noch sehen werden, einen sterilisierenden Effekt auf sich entwickelnde Spermatiden hat. Die Zeit bis zum Eintritt der Sterilität erlaubt eine Abschätzung der Spermatogenesedauer, wie es die Fertilitätsangaben bei Ratte und Maus nach Myleran und Röntgenstrahlen zeigen (Abb. 3-4). Die resistenten Stammzellpopulationen machen offenbar eine irreversible Sterilisierung mit antispermatogonialen Chemikalien kaum möglich. Die Chemikalien wirken gewöhnlich kumulativ, wenn sie in kleinen, täglichen Dosen verabreicht werden (gleiches gilt für Röntgenstrahlen), und auf diese Weise kön-

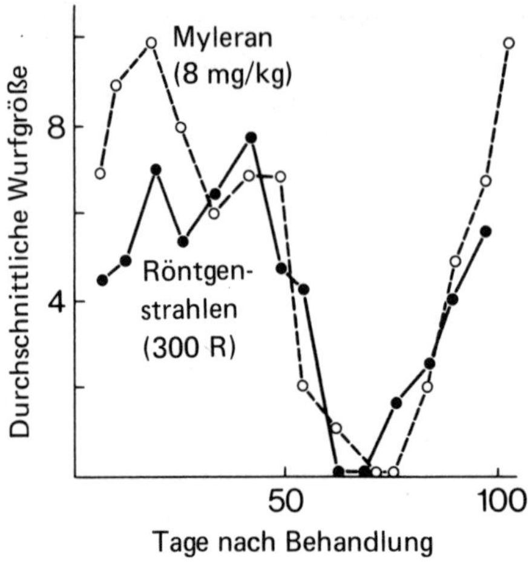

Abb. 3-4. Die Letalwirkung von Myleran und Röntgenstrahlen auf Spermatogonien. Beide Agenzien töten nur die Spermatogonien, so daß nach der Behandlung die Fertilität noch so lange anhält, bis die Spermienbildung aus solchen Zellen aufgehört hat, die sich nicht mehr im Stadium der Spermatogonien befanden. Die Dauer der sterilen Periode ist dosisabhängig.

nen die Spermatogonien schließlich völlig vernichtet werden. Eine dauerhafte Sterilität kann nur erreicht werden, wenn auch die Stammzellen vernichtet werden. Bis jetzt wissen wir noch nichts über den Mechanismus, der die Empfindlichkeit gerade der Spermatogonien gegen derartige Chemikalien bedingt.

Anti-meiotische Verbindungen

Nach der Vermehrungsphase der Spermatogonien durchlaufen die Spermatozyten als Vorbereitung auf das entscheidende Stadium der Meiose eine lange Wachstumsphase. Während der Meiose sind die Zellen gegen einige Chemikalien sehr empfindlich, gegen andere unerwartet resistent. Auf die direkte Abhängigkeit der Meiose und der frühen Stadien der Spermatidenentwicklung von männlichen Sexualhormonen und damit indirekt von Gonadotropinen der Hypophyse wurde bereits hingewiesen. Ein Zusammenhang zwischen chemischer Schädigung und hormonaler Kontrolle ist also durchaus möglich.

Die antispermatogenen Wirkungen von nitroaromatischen Verbindungen und von Dichloroazetyldiaminen wurde bei toxikologischen Untersuchungen entdeckt, die zunächst dazu dienten, Chemotherapeutika zu entwickeln, die sich von dem Antibiotikum Chloramphenicol ableiten lassen (Abb. 3-5). Antispermatogene Wirkungen wurden bei Nitro-Abkömmlingen des Furans, Thiazols und Pyrrols gefunden, bei denen die nitrozyklischen Gruppen dem Nitrosegment des Chloramphenicols entsprechen (A, Abb. 3-5). Verschiedene Nitrofurane hemmen, mit der Nahrung zugeführt, die Spermatogenese von Ratten und Mäusen. Bevorzugt werden Zellen in der Meiose betroffen, so daß sich die Sterilität langsam auf Grund des Ausbleibens von Spermatozoen entwickelt. Selbst nach langdauernder Einwirkung ist der Effekt stets reversibel, und die Ausschüttung männlicher Sexualhormone wird nicht beeinflußt. Mit der Nahrung verabreicht führt Dinitropyrrol (ORF 1616) bei Ratten nach 6 Wochen zur Sterilität. Nach

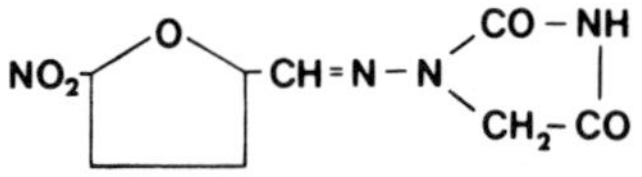

Nitrofurantoin

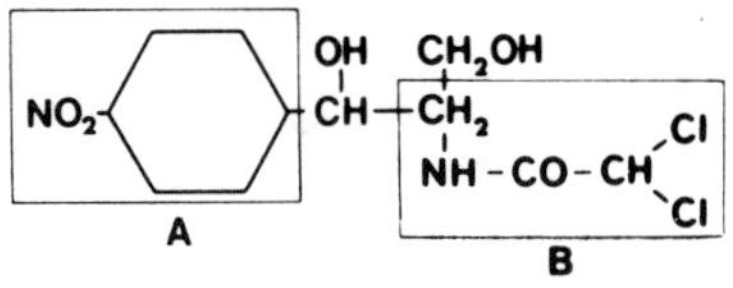

Chloramphenicol

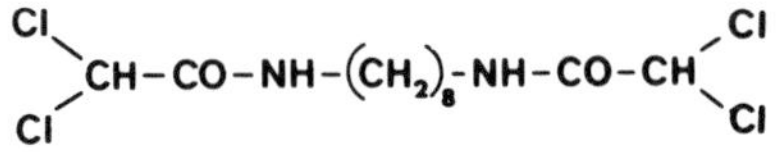

WIN 18446

Abb. 3-5. Antispermatogene Verbindungen, die sich von dem Antibioticum Chloramphenicol ableiten.

einer einmalig hohen Dosis sind die Tiere schon nach 3 Wochen steril und bleiben es nach einer ähnlich hohen, monatlichen Dosis.

Hinter den Dichloroazetyldiaminen steht eine andere Geschichte unerfüllter Hoffnungen. Die Struktur läßt sich auch von dem selbst weder antispermatogen noch sterilisierend wirkenden Chloramphenicol ableiten (B, Abb. 3-5). Als aktivstes Diamin erwies sich das WIN 18446 (Abb. 3-5), von dem man zunächst glaubte, es wirke ausschließlich auf den Hoden. Die Verbindungen waren zudem kaum toxisch, ihre Wirkungen waren voll reversibel, und die sexuelle Aktivität blieb unbeeinflußt. Unglücklicherweise führt Alkoholkonsum während der Behandlung zu schwerem Erbrechen (eine »Antabus«-Wirkung), und damit sind diese Verbindungen unbrauchbar.

Hempa und EDS

Hempa und EDS sind einfache Verbindungen: Hempa ist ein Triamid der Phosphorsäure und EDS ein Ester des Äthylenglykols (Abb. 3-6). Ratten können durch orale Gaben von Hempa sterilisiert werden, aber die wirksame Dosis liegt zu nahe an der toxischen Grenze. Bei Kaninchen liegt die sterilisierende Dosis viel niedriger, und die Art der Wirkung weist darauf hin, daß Hempa die meiotischen Stadien der Spermatogenese beeinflußt (Abb. 3-7). Eine einmalige EDS-Injektion fuhrt bei männlichen Ratten eine Woche später zur Sterilität, die dosisabhängig 8–10 Wochen anhält. Es ist auch in niedrigeren täglichen Dosen, oral oder im Trinkwasser gelöst (0,4 %ig), wirksam. Weibliche Ratten bleiben unbeeinflußt, männliche Mäuse sind viel unempfindlicher als männliche Ratten, bei

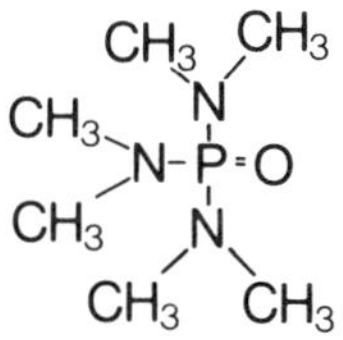

HMPA (Hempa)

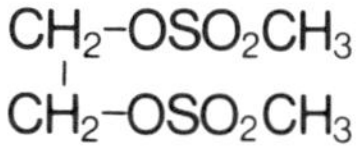

EDS

Abb. 3-6. Strukturformeln von Hexamethylphosphoramid (HMPA) und Äthylendimethansulphonat (EDS).

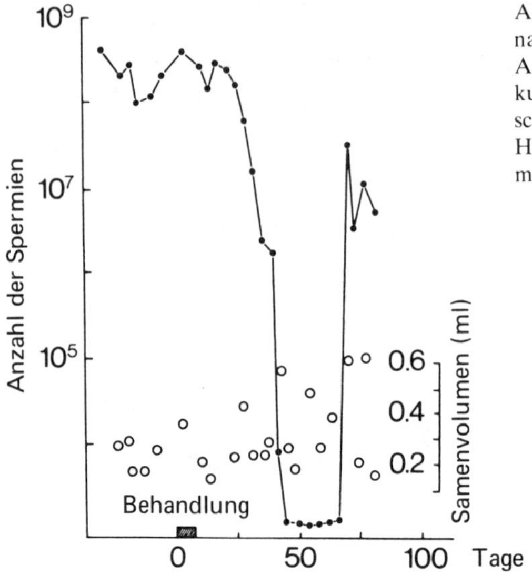

Abb. 3-7. HMPA (10 x 100 mg/kg, oral) führt nach etwa 5 Wochen zu einem temporären Absinken der Spermienzahl auf Null. Die Wirkung beruht auf der Beeinflussung der meiotischen Stadien der Spermatogenese durch HMPA (offene Kreissymbole: Samenvolumen).

letzteren erinnern der vorübergehende Verlust des Samenepithels und das Schrumpfen von Prostata und Samenblasen nach EDS an Veränderungen nach Hypophysektomie. Die Schädigungen können durch Testosterongaben weitgehend verhindert werden, wahrscheinlich wirkt EDS auf die Leydig'schen Zwischenzellen. Die bisherigen Ergebnisse lassen hoffen, daß auch für den Mann Antifertilitätspräparate entwickelt werden können. Gleichzeitige Einnahme männlicher Sexualhormone würde die normalen sexuellen Aktivitäten und die sekundären Geschlechtsmerkmale unbeeinflußt lassen.

Hemmung späterer Spermatogenesestadien

Nach der Meiose finden keine weiteren Zellteilungen mehr statt. Die einzigartige Metamorphose von Spermatiden zu beweglichen Spermatozoen erfordert zweifellos höchst spezifische, biochemische Vorgänge und Kontrollmechanismen, über die bisher kaum etwas bekannt ist. Mindestens bei Labornagetieren spielen Androgene dabei eine wichtige Rolle. Eine Beeinflussung dieser Stadien erfordert andere Wirkungsmechanismen und Chemikalien als die bisher besprochenen. Man kann Spermatiden, ohne ihre Fähigkeit zur Umbildung in strukturell normale und bewegliche Spermien zu blockieren, so beeinflussen, daß keine Embryonalentwicklung mehr erfolgen kann. Nach einer solchen Behandlung mit entsprechenden Chemikalien (Abb. 3-8) sind sterile von fertilen Tieren nur nach einem Fertilitätstest unterscheidbar – eine vom Standpunkt der Fertilitätskontrolle zunächst äußerst günstig erscheinende Situation.

Die erste Verbindung dieses Typs war das Zytostatikum Tretamin (TEM). Seine sterilisierende Wirkung auf Ratten betrifft Spermatiden und die Spermato-

MMS (Methyl-methansulphonat) — TMP (Trimethylphosphat) — MDS (Methylen-dimethansulphonat) — α CHLORHYDRIN (U-5897)

Abb. 3-8. Antifertilitätssubstanzen, die nach der Meiose wirken.

zoen im Hoden und Nebenhoden, die Sterilität hält 5 Wochen an. Nach einer solchen Behandlung zeigen die Männchen ein normales Paarungsverhalten, die Spermatozoen scheinen im Hinblick auf Morphologie und Bewegungsfähigkeit unverändert zu sein. Man hat diesen neuen Typ der chemisch induzierten Sterilität als »funktionale« Sterilität bezeichnet. Mehrere ähnliche Substanzen sind ebenfalls noch wirksam. Diese Substanzen sind oral leider relativ unwirksam, gravierender aber ist, daß sie aufgrund ihrer chemischen Struktur potentiell gefährlich und somit für die Anwendung beim Menschen ungeeignet sind.

Einfache Methansulphonsäureester (MMS, MDS, EDS) wirken ähnlich, sind auch oral aktiv, haben eine selektive Wirkung (Tab. 3-2) und führen zu voraussagbaren Sterilitätsperioden bei den behandelten Männchen. Leider haben diese Substanzen, obwohl gut verträglich, cytostatische Eigenschaften.

Phosphorhaltige Chemikalien (Organophosphorverbindungen) sind in großer Zahl bekannt und werden in Industrie und Landwirtschaft verwendet, besonders als Insektizide. In der Regel haben diese Substanzen toxische Wirkungen auf das tierische Nervensystem (Neurotoxizität), und deshalb hat man sie kaum im Hinblick auf antispermatogene Wirkungen untersucht. Aufgrund der antispermatogenen Wirkungen der Phosphorverbindung Hempa und der bereits erwähnten Methylester (MMS, Tab. 3-2) wurde das Trimethylphosphat (TMP) untersucht. Bei Ratten und Mäusen wurde eine funktionale Sterilität nach Einwirkung auf Spermatiden und Spermatozoen (Tab. 3-2) induziert, wobei Ratten zehnmal sensibler reagierten als Mäuse. TMP (nicht dagegen MMS) ist stabil und oral wirk-

Tabelle 3-2. Antifertilitatswirkungen nach der Meiose. Die Zahlen geben die Wurfgrößen an, die nach Verpaarung mit behandelten männlichen Ratten beobachtet wurden. Verschiedene Chemikalien haben unterschiedliche Wirkungen. Sterilisierende Effekte auf Spermatozoen und Spermatiden wirken sich in den ersten 5 Wochen der Paarungsfolge aus.

Wochen	1	2	3	4	5	6	7	8	9	10	11	12
MMS 50 (1)	5	0	0	9	11	8	7	10	8	8	–	–
TMP 100 (5)*	–	1	0	0	1	6	6	8	6	4	1	8
MDS 15 (1)	0	2	4	7	10	6	8	10	8	7	6	6
α-Chlorhydrin 20 (5)*	–	0	0	10	3	8	7	2	4	9	4	–
EDS 50 (1)	8	0	0	0	6	3	4	5	5	6	6	2

Die Zahlen in Klammern geben die Anzahl der Einzeldosen an, Dosen in mg/kg
*Orale Dosen

sam. Ratten konnten dauernd in einem reversiblen infertilen Status gehalten werden, wenn sie eine Woche lang täglich TMP erhielten und die folgende Woche unbehandelt blieben. Langzeituntersuchungen an Ratten ergaben aber auch für das TMP schädliche Nebenwirkungen und ein erhebliches Risiko für genetische Schädigungen. Dennoch ist die Entdeckung der TMP-Wirkung ein wichtiger Schritt in Richtung auf die Entwicklung eines selektiven männlichen Sterilans.

Beeinflussung des Nebenhodens

Die Bedeutung des Nebenhodens ist nur unvollständig bekannt, seine komplizierte Struktur weist darauf hin, daß der Nebenhoden außer seinen offensichtlich einfachen Funktionen noch andere haben muß. Der Nebenhoden ist ebenfalls androgen-abhängig, und es ist vielleicht von Bedeutung, daß die aus der Rete testis in den Nebenhoden gelangende Flüssigkeit ebensoviel Testosteron enthält wie das den Hoden durch die Vena spermatica interna verlassende Blut.

Eine Sterilität im männlichen Geschlecht ohne gleichzeitige Beeinflussung der Libido wäre schnell zu erreichen, wenn die Spermatozoen im Nebenhoden befruchtungsunfähig gemacht würden. Die relativ kurze Verweildauer der Spermatozoen im Nebenhoden (2 Wochen beim Menschen) würde allerdings wiederholte orale Dosen oder Depotpräparate eines Antispermatogens notwendig machen, wenn die Sterilität aufrechterhalten werden sollte. Würde ein Sterilans außer den Spermatozoen im Nebenhoden auch Spermatiden beeinflussen, dann müßte nur einmal im Monat behandelt werden.

Viele Chemikalien beeinflussen die Spermatozoen im Nebenhoden so, daß sie nach der Ejakulation nicht mehr funktionsfähig sind. Manche Substanzen wirken zusätzlich noch auf die Spermatiden, andere aber schädigen ausschließlich die Spermatozoen im Nebenhoden. Experimentelle Untersuchungen an Ratten haben ergeben, daß die Spermatozoen in verschiedenen Regionen des Nebenhodens unterschiedlich reagieren können. Das mag mit spezifischen Funktionen der die verschiedenen Abschnitte des Nebenhodenkanals auskleidenden Zellen zusammenhängen oder mit Sensitivitätsunterschieden der Spermien im Verlaufe ihres Reifungsprozesses im Nebenhoden.

Erste Hinweise auf selektive Sterilisation der Spermatozoen im terminalen Abschnitt des Nebenhodenkanals ergaben Untersuchungen mit MDS (Methylendimethansulphonat). Eine einmalige Behandlung mit MDS führt bei Ratten etwa nach 1 Woche zu Sterilität (Tab. 3-2). Spermatozoen im Nebenhoden werden auch durch MMS und TMP in höheren Dosen »sterilisiert«. Die Wirkung dieser Substanzen beruht wahrscheinlich auf einer Übertragung von Methylgruppen ($-CH_3$) auf wichtige Zellkomponenten.

Im Rahmen eines groß angelegten Untersuchungsprogrammes wurde neuerdings eine weitere einfache Substanz mit antifertiler Wirkung, das α-Chlorhydrin, entdeckt (Abb. 3-8), das nach Behandlung von Glyzerin mit Salzsäure gewonnen wird, und wie TMP oral wirksam, stabil und billig ist. Bei Ratten wirkt es auf die

Spermatozoen in der Endregion des Nebenhodens und führt sehr schnell zu »funktionaler« Sterilität (Tab. 3-2), indem es ein Eindringen der Spermatozoen in die Eizellen verhindert. Alle Tiere sind spätestens 48 Stunden nach dem ersten Behandlungstag infertil, wobei die Dosis weit unter der Toxizitätsschwelle liegt. Der infertile Zustand kann dauernd aufrechterhalten werden, ist aber 2 oder 3 Wochen nach dem Ende der Behandlung reversibel. α-Chlorhydrin ist bei der Maus (Abb. 3-9) und beim Kaninchen unwirksam, soll aber bei Meerschweinchen, Schaf und Schwein wirksam sein.

α-Chlorhydrin führt bei Ratten in höheren Dosen auf eigenartige Weise zu dauerhafter Sterilität. Es induziert eine irreversible Blockade der Spermienwanderung vom Hoden in den Nebenhoden, wobei lokale Erweiterungen, die Spermatozelen, entstehen (Abb. 3-10). Der Mechanismus dieses Vorgangs ist unbekannt. Wenn auch die Hodenstruktur möglicherweise wegen des Rückstaus weitgehend degeneriert, scheint die Ausschüttung der männlichen Sexualhormone normal zu bleiben. Die sterilen Männchen sind sexuell normal aktiv. Die Verbindung ist deshalb auch bei der Bekämpfung von Rattenplagen erfolgreich angewandt worden.

Dauerbehandlung mit dem Steroid Cyproteronazetat mit Hilfe implantierter Kapseln führt bei Ratten zu Sterilität. Behandelte Männchen werden nach drei Monaten steril. Die Tatsache, daß die Tiere bereits 2 oder 3 Wochen nach Entfernung der Kapseln wieder fertil werden, weist darauf hin, daß die Spermatozoen im Nebenhoden betroffen sind. Die Spermatozoen im Nebenhoden sind

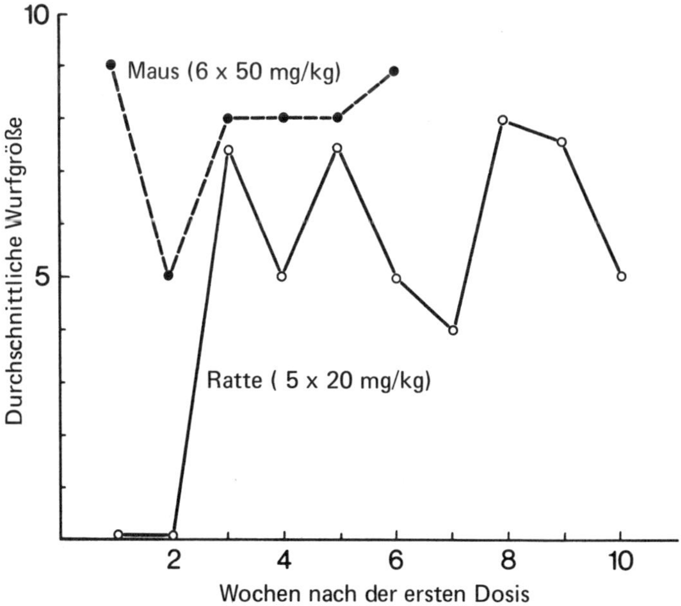

Abb. 3-9. α-Chlorhydrin über 5 oder 6 Tage täglich verabreicht, führt zu einer Sterilisation der Spermatozoen im Nebenhoden der Ratte, bei der Maus ist es wirkungslos.

während der sterilen Phase unbeweglich. Da Cyproteronazetat die Androgenwirkung blockiert, weist diese Beobachtung auf eine selektive Wirkung von Androgen (Testosteron) bei der Spermienernährung hin; das könnte vielleicht zur Entwicklung einer sehr schnell sterilisierend wirkenden Verbindung führen. Die Induktion von Spermatozoenunbeweglichkeit ist eine sehr brauchbare Methode bei der Fertilitätskontrolle. Der klinische Test von Cyproteronazetat hat jedoch ergeben, daß diese Verbindung beim Menschen vor allem zu einer Störung der Libido führt.

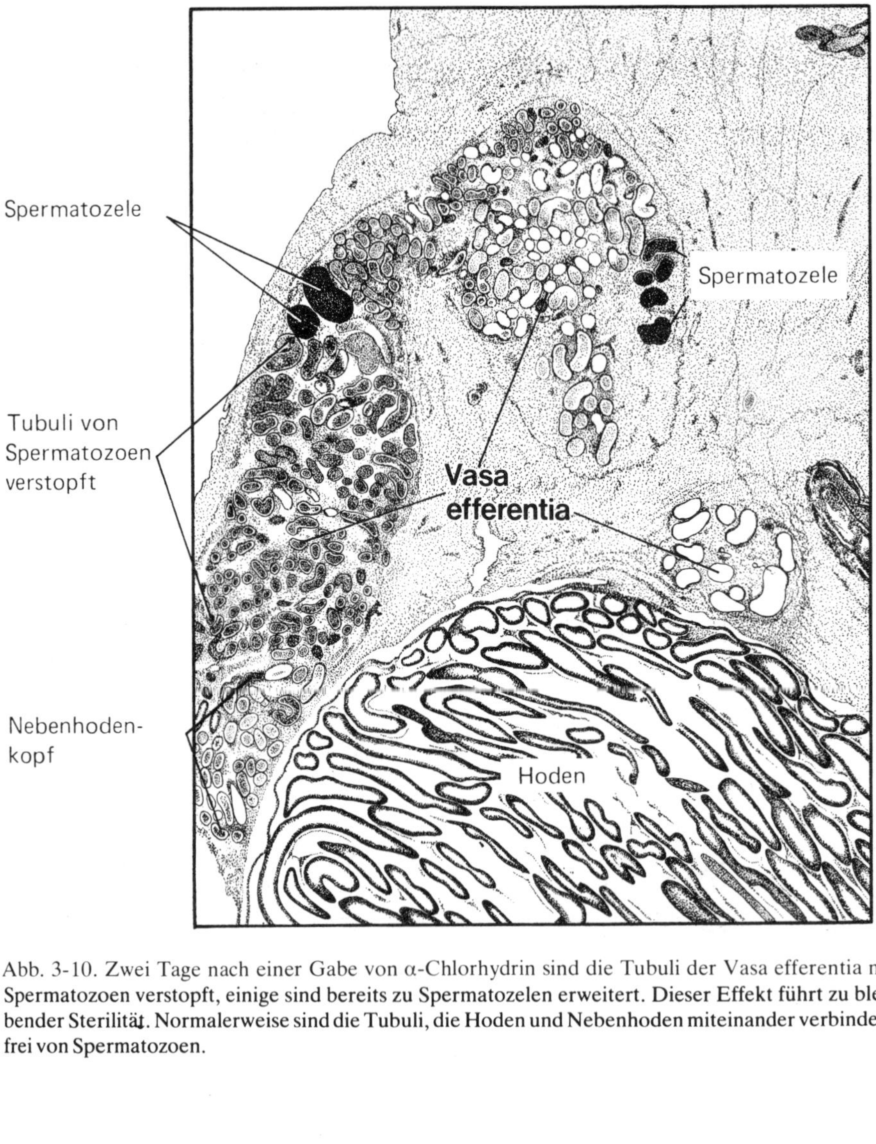

Abb. 3-10. Zwei Tage nach einer Gabe von α-Chlorhydrin sind die Tubuli der Vasa efferentia mit Spermatozoen verstopft, einige sind bereits zu Spermatozelen erweitert. Dieser Effekt führt zu bleibender Sterilität. Normalerweise sind die Tubuli, die Hoden und Nebenhoden miteinander verbinden, frei von Spermatozoen.

Bei Ratten kann Sterilität durch Beeinflussung der Spermatozoen im Nebenhoden auf verschiedenen Wegen induziert werden: 1. Immobilität der Spermatozoen (Cyproteronazetat), 2. die Spermien können die Eier nicht mehr befruchten (α-Chlorhydrin), 3. die Spermien befruchten die Eier, die Embryonen sterben aber in frühen Entwicklungsstadien ab (MMS, TMP).

Die Zukunftsaussichten auf dem Gebiet der Fertilitätskontrolle im männlichen Geschlecht geben zu einigem Optimismus Anlaß. Bedenkt man, daß trotz der relativ geringen Forschungsaktivitäten auf diesem Gebiet erhebliche Fortschritte erzielt werden konnten, dann kann man durchaus mit der Entwicklung geeigneter Methoden rechnen. Inzwischen können wir uns damit trösten, daß die bisherigen Befunde immerhin die Möglichkeit eröffnet haben, eine schädliche Ausbreitung von Kleinsäugetieren selektiv zu kontrollieren.

Ergänzende Literatur

Control of Human Fertility. *British Medical Bulletin* **26**, no. 1, 97, London; The British Council (1970).

Chemical interference with spermatogenesis and fertility. H. Jackson. In *Advances in Reproductive Physiology* **4**, 65. Ed. Anne McLaren. Logos-Academic (1968).

Antifertility Compounds in the Male and Female. H. Jackson. Monograph in American Lectures in Living Chemistry. 214. pp. Springfield, Illinois; C. C. Thomas (1966).

Agents Affecting Fertility. Biological Council Symposium. Ed. C. R. Austin & J. S. Perry, 319 pp. London; Churchill (1965).

4 Kontrolle der menschlichen Entwicklung

R. G. Edwards

Die meisten Ehepaare haben normale gesunde Kinder; andere sind allerdings nicht so gut dran. Fertilitätskontrolle, Behandlung von Unfruchtbarkeit und die Anwendung neuer Methoden zur Überwachung der fetalen Entwicklung haben heute an sozialen, wissenschaftlichen und klinischen Aktivitäten großen Anteil. In den vorigen Kapiteln dieses Bandes wurden die Grenzen menschlicher Fertilität beschrieben, hier sollen die Möglichkeiten zur Heilung menschlicher Unfruchtbarkeit und zur Behebung von Schäden und Störungen der menschlichen Entwicklung diskutiert werden. Aber zunächst wollen wir einige der wichtigsten, die menschliche Fortpflanzung beeinflussenden Faktoren und Bedingungen kennenlernen.

Die menschliche Entwicklung beeinflussende Faktoren

Ein unparteiischer Beobachter könnte sehr wohl zu dem Schluß kommen, es sei eigentlich recht unwahrscheinlich, daß der Mensch sich überhaupt fortpflanzt. Jedes Stadium des Wachstums von Ei und Spermatozoon sowie der Embryonal- und Fetalentwicklung ist von feinabgestimmten Kontrollprozessen, engbegrenzten zeitlichen Abstimmungen und einer Fülle von äußeren Faktoren abhängig. Es ist deshalb durchaus nicht verwunderlich, daß die Entwicklung oft nicht normal verläuft. Es gibt Ehepaare, die keine Kinder haben können, und andere bekommen sie erst nach einer erheblichen Verzögerung, davon sind etwa 15 % der Ehen betroffen (Tab. 4-1). Der Fetus kann sich aus genetischen oder anderen Gründen abnorm entwickeln (siehe Band 2, Kap. 5). Es können aber auch scheinbar ganz unbedeutende Einflüsse von Bedeutung für die Nachkommen sein. Zum Beispiel bringt eine Mutter, die stark raucht, mit großer Wahrscheinlichkeit ein Baby zur Welt, das ein unterdurchschnittliches Gewicht hat und auf die Schwierigkeiten bei der Geburt empfindlicher reagiert als normale Babys.

Tabelle 4-1. Gründe für eine Infertilität bei 142 Fällen eines Jahres

Veränderungen im Bereich des Eileiters (blockierte Eileiter)	49
Endometriose	41
Störungen der Ovulation	27
»ungeklärte« Sterilität	16
Uterine Faktoren	9

(Mit Erlaubnis von P. C. Steptoe)

Die Frau ist nur in der Zeit zwischen Menarche (Zeitpunkt der ersten Menstruation) und der Menopause (Aufhören der Menstruation) fortpflanzungsfähig. Das Alter, in dem die Menarche beginnt, ist in verschiedenen europäischen Ländern von durchschnittlich $16^1/_2$ Jahren um 1860 bis nahe 13 Jahre um 1960 gesunken (Abb. 4-1). Die Menopause tritt in der Regel mit etwa 45 Jahren ein, ob-

Abb. 4-1. Absinken des Menarchealters in verschiedenen europäischen Ländern. (Nach J. M. Tanner. *Growth at Adolescence*, 2nd edition. Blackwell Scientific Publications, Oxford. Fig. 31, 1962).

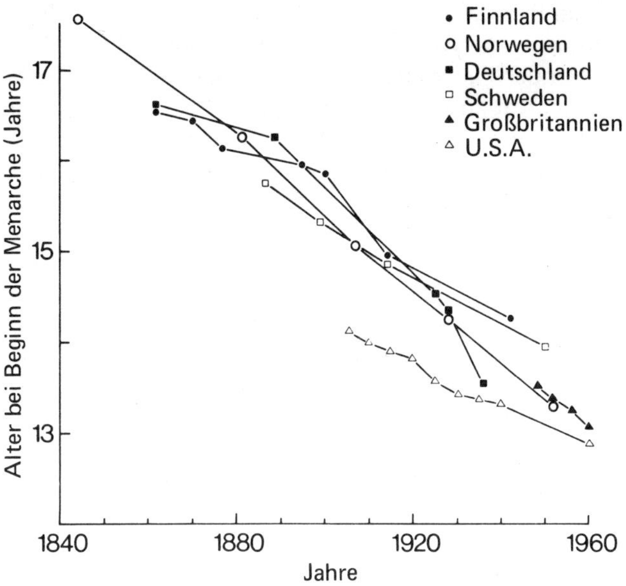

wohl es gelegentlich vorkommt, daß Frauen in den Fünfzigern noch Kinder bekommen. Die Potenz der Männer nimmt in der Regel mit zunehmendem Alter ab, aber Spermien werden noch bis in die siebziger Jahre gebildet.

Manche Frauen haben niemals einen Menstruationszyklus, sie leiden an sogenannter »primärer Amenorrhö«. Bei anderen ist der Zyklus schon in jungen Jahren zweitweilig oder dauernd unterbrochen, das wird »sekundäre Amenorrhö« genannt. Amenorrhö kann durch Funktionsstörungen des Ovars oder durch mangelhafte Gonadotropinsekretion aus dem Hypophysenvorderlappen bedingt sein, was wiederum auf Schädigungen von Hypothalamus oder Hypophyse beruhen kann. Die Schwangerschaft induziert vorübergehend eine physiologisch bedingte sekundäre Amenorrhö. Verschiedene Medikamente können ebenfalls eine sekundäre Amenorrhö hervorrufen, ein Grund kann überlange Verwendung der »Pille« sein. Ein Versagen des Eierstockes kann durch das Fehlen von Follikeln bedingt sein. Frauen mit der XO-Chromosomenkonstitution (Turner-Syndrom) leiden unter angeborenem Fehlen von Follikeln. Es gibt auch einige Frauen, die gegen ihr eigenes Ovarialgewebe Autoantikörper bilden, die dann die Follikel zerstören und so zu sekundärer Amenorrhö führen.

Frauen können vermutlich auch deshalb unfruchtbar sein, weil die Sekrete ihres Genitaltraktes, besonders der Cervix, die Spermatozoen schädigen. Das kann durch einen »Postkoitaltest« nachgewiesen werden, bei dem die Lebensfähigkeit der Spermien im Cervixschleim einige Stunden nach dem Beischlaf geprüft wird. Manchmal kann ein solcher Defekt durch Behandlung mit Steroidhormonen behoben werden. Auch Endometriose, bei der Inseln von Endometriumgewebe auf der Oberfläche des Ovars und der Leibeshöhle verstreut vorkommen, kann zur Unfruchtbarkeit führen. Die Endometriose kann operativ oder durch Hormonbehandlung behoben werden. Operative Eingriffe lindern auch andere Komplikationen, wie vollständigen oder teilweisen Verschluß des Eileiters nach Infektionen des Genitaltraktes. Ein solcher Verschluß verhindert den Transport der Spermatozoen zum Ei oder den des befruchteten Eies in den Uterus. In 20 % der Fälle ist ein chirurgischer Eingriff erfolgreich.

Männliche Sterilität kann ebenfalls eine Vielzahl von Ursachen haben. Endokrine Störungen können die Spermatogenese negativ beeinflussen. Tumoren der Hypophyse können zu einer verminderten Gonadotropinsekretion und somit zu einer Abnahme des Androgenspiegels führen. Impotenz kann durch viele Faktoren, wie psychische Störungen oder niedrigen Testosteronspiegel bedingt werden. Manche Männer bilden nur sehr wenige Spermatozoen (Oligospermie) oder überhaupt keine (Azoospermie). Oligo- oder Azoospermien können durch Störungen der endokrinen Funktionen von Hypophyse oder Hoden bedingt sein. Manchmal ist hier eine Behandlung mit Hypophysenhormonen erfolgreich. Männliche Sterilität kann aber auch auf agglutinierenden oder toxischen Substanzen im Samenplasma beruhen; selten kommt es zur Bildung von Autoantikörpern gegen die körpereigenen Spermatozoen. Infektionen oder Unfälle können zu einem Verschluß des Vas deferens führen, ein Defekt, der manchmal operativ durch Entfernung des verschlossenen Bereiches und Verbindung der offenen Enden behoben werden kann. Sehr häufig beruht die Sterilität nur darauf, daß im Samen zu wenig Spermatozoen vorhanden sind (weniger als 30×10^6 pro ml), weil entweder zu wenig aktive Samenkanälchen vorhanden sind oder weil die Spermatogenese gestört ist.

Sterilität als Folge von Oligospermie kann in einigen Fällen durch künstliche Insemination umgangen werden. Dabei werden mehrere Ejakulate gesammelt und bei niedrigen Temperaturen so lange aufbewahrt (die Techniken werden in Kap. 1 beschrieben), bis eine ausreichende Anzahl von Spermatozoen erreicht ist. Es handelt sich hier also um eine künstliche Insemination mit dem Samen des Ehemannes. Es wurden auch schon Kinder geboren nach künstlicher Insemination mit dem in tiefgefrorenem Zustand gespeicherten Samen des Ehemannes, der für lange Zeit von seiner Frau getrennt leben mußte. Sollte der Ehemann an Azoospermie leiden, kann der Samen eines anderen Spenders für eine künstliche Insemination verwendet werden, ein Verfahren, das nach anfänglichen ethischen Bedenken immer weitere Anwendung findet. Einige Genetiker glaubten, die künstliche Insemination könne zur genetischen Verbesserung der menschlichen Rasse beitragen, wenn man Samen von hochbegabten Spendern verwenden würde. Allerdings wird die besonders günstige Genkombination des Spenders während der Meiose so verändert, daß sie wohl kaum auf seine Nachkommen übertragen wird. Die über viele Generationen wiederholte künstliche Insemination mit dem Samen ausgewählter Spender könnte eventuell dazu führen, daß die Frequenz von Genen, die für hohe Intelligenz verantwortlich sein mögen, zunimmt. Allerdings ist unsere Kenntnis darüber, in welchem Ausmaß Intelligenz und Kreativität genetisch bedingt sind, bisher zu vage, als daß derartige Methoden sinnvoll angewendet werden könnten.

Hormonelle Behandlung der weiblichen Unfruchtbarkeit

Viele Einzelheiten des Menstruationszyklus sind erst bei Versuchen bekannt geworden, die dazu dienten, bei unfruchtbaren, unter Dysfunktionen des endokrinen Systems leidenden Frauen, Ovulationen zu induzieren. Wir werden hier nur zwei Therapiemöglichkeiten kennenlernen. Die erste besteht in der Anwendung von Clomiphen (Abb. 4-2) bei Patientinnen, die noch eine geringe Aktivität der Hypophyse und des Ovars haben. Clomiphen hat sowohl östrogene als auch antiöstrogene Eigenschaften, induziert aber bei sorgfältiger Anwendung die Sekretion endogener Gonadotropine aus der Hypophyse. Der genaue Wirkungsmechanismus ist unbekannt, aber er führt zur Ovulation. Viele vorher infertile Frauen sind nach Behandlung mit Clomiphen schwanger geworden und haben Kinder geboren.

Eine zweite Therapiemöglichkeit ist die Behandlung mit Gonadotropinen, entweder mit Menopausengonatropin des Menschen (es erscheint zur Zeit der Menopause in großen Mengen im Urin und hat fast ausschließlich follikelstimulierende Wirkung) oder mit FSH aus der Hypophyse. Diese Hormonpräparate stimulieren die Follikelentwicklung, aber über den optimalen Zeitpunkt für die Injektion scheint noch keine einheitliche Meinung zu bestehen. In einigen Fällen wurden bis zu vierzehn Injektionen an aufeinanderfolgenden Tagen verabreicht (das entspricht 15000 IE Menopausengonadotropin). Zu Zeitpunkten, die vom Endokrinologen mehr oder weniger willkürlich oder nach der Ausscheidung von Steroiden, besonders Östrogenen, im Harn bestimmt werden, werden dann zur Ovulationsstimulation ein oder zwei Injektionen von menschlichem Choriongonadotropin, das reich an LH-Aktivität ist, verabreicht (Abb. 4-3).

Derartige Behandlungen werfen zwei große Probleme auf. Die Reaktion auf Hormone und Clomiphen ist schwer abschätzbar, und es können mehrere Follikel gleichzeitig ovulieren. In einer Untersuchungsreihe hatten 10% der mit Clomiphen behandelten Frauen Zwillings- oder Mehrlingsgeburten. Schwangerschaften mit sechs oder mehr, sogar solche mit fünfzehn Feten, wurden beobachtet. Das Risiko, daß derartige Schwangerschaften zu Aborten, Fetaltod und zu Komplikationen bei der Geburt führen, ist hoch. Mindestens eine Sechslingsgeburt ist aber erfolgreich verlaufen. Einigen Patientinnen wurden Hormone in allmählich ansteigenden Dosierungen verabreicht, um die Dosis herauszufinden, die zur Ovulation von ein oder höchstens zwei Oozyten führt. Dies erwies sich in einigen Fällen als wirkungsvoll, Schwierigkeiten ergeben sich aber daraus, daß ein geringer Dosisanstieg manchmal zu einer ganz unvorhergesehenen Wirkung führt.

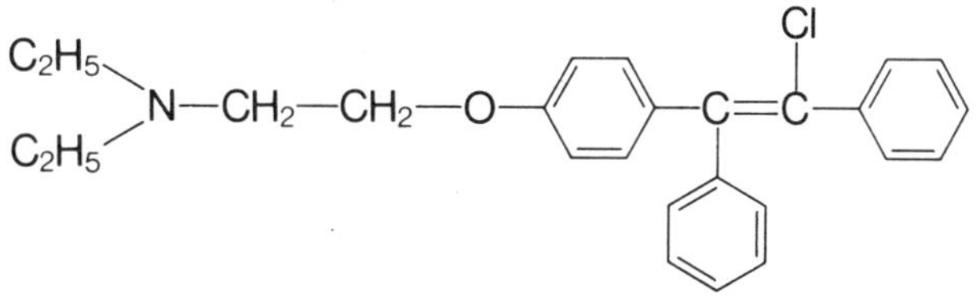

Abb. 4-2. Clomiphen

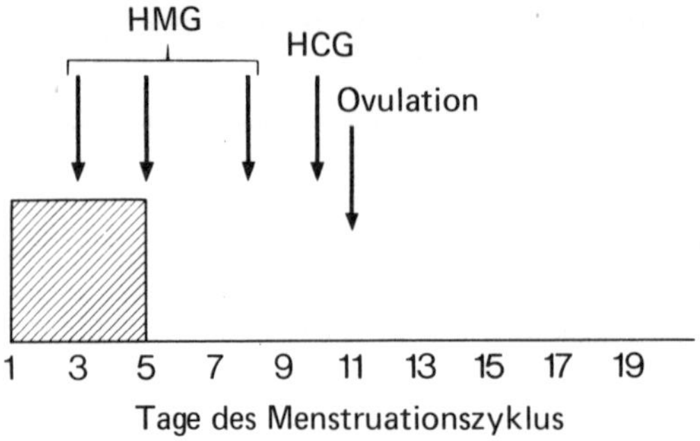

Abb. 4-3. Gonadotropinbehandlung von Frauen zur Induktion von Follikelwachstum und Ovulation. Diese Therapie beruht auf früheren Erfahrungen zur Induktion von Follikelwachstum und Ovulation bei Frauen mit Amenorrhö. Der schattierte Bereich bezeichnet den Abschnitt der Mensis. HMG ist menschliches Menopausengonadotropin, das das Follikelwachstum stimuliert, und HCG ist menschliches Choriongonadotropin, das die Ovulation induziert.

Darüber hinaus gibt es erhebliche individuelle Schwankungen in der Reaktion bei Verabreichung gleicher Dosen zu unterschiedlichen Zeiten. Selbst unter genauestens kontrollierten Bedingungen bleibt ein Risiko für Mehrlingsgeburten bestehen.

Die zweite Schwierigkeit ist, daß einige Frauen überempfindlich auf Gonadotropine reagieren, ein Befund, der als »Hyperstimulations-Syndrom« bekannt ist. Das ist sehr gefährlich, weil dabei Komplikationen, wie Blutgerinnung oder Flüssigkeitsansammlungen in der Bauchhöhle, auftreten können. Bei massiver Ausscheidung von Östrogen während der Behandlung mit Menopausengonadotropin sollte eine HCG-Behandlung und somit eine weitere Stimulation vermieden werden. Fehlreaktionen sind seltener geworden, seit man die Gefahren, die damit verbunden sind, erkannt hat. Sie sind allerdings nie ganz auszuschließen, denn die Reaktion einer Patientin auf exogene Gonadotropine ist nicht voraussehbar.

In einigen klinischen Untersuchungsserien wurden 80% der Frauen, die vor dem Beischlaf mit exogenen Gonadotropinen behandelt worden waren, schwanger. Aber in der Regel ist die Erfolgsrate deutlich geringer. Die Methode ist immer dann brauchbar, wenn die betreffende Frau an einer endokrinen Störung leidet, sonst aber gesund ist und der Ehemann physisch normal ist.

Die Beeinflussung der Ovulation des Menschen mit Gonadotropinen kann zur Stimulation von mehreren Oozyten während eines Zyklus führen und ermöglicht somit zu vorherbestimmbaren Zeiten die Gewinnung von Oozyten zum Studium der Befruchtung und Furchung *in vitro*.

Reifung der Oozyte, Befruchtung und Furchung in vitro

Das Übertragen einer präovulatorischen Oozyte (Dictyotän) aus dem Ovar in ein geeignetes Kulturmedium führt, wie Experimente an Tieren gezeigt haben, ebenso zum Ausreifen der Oozyte, wie im Tier nach Injektion von LH. Menschliche Oozyten aus operativ entferntem Ovarialgewebe verhalten sich ähnlich. Sie durchlaufen etwa 36 Stunden, nachdem sie in das Kulturmedium eingebracht wurden, die Metaphase der zweiten meiotischen Teilung (Metaphase II). Das läßt vermuten, daß auch im Normalfall die Zeitspanne zwischen präovulatorischer LH-Sekretion und Ovulation etwa 36 Stunden beträgt.

In vitro gereifte menschliche Oozyten können unter ähnlichen Bedingungen befruchtet werden wie die Eier des Hamsters. Die Oozyten werden mit ejakulierten menschlichen Spermatozoen vermischt, die vorher zur weitgehenden Entfernung des Samenplasmas vorsichtig zentrifugiert und danach mit einer einfachen, mit Bikarbonat auf pH 7,5–7,6 gepufferten und mit Rinder-Serum-Albumin versetzten physiologischen Kochsalzlösung versetzt wurden. Die Spermatozoen dringen innerhalb von 7–8 Stunden in die Eier ein, und es bilden sich die männlichen und weiblichen Vorkerne. Die Kapazitation der menschlichen Spermien läuft offenbar wie bei den Spermien des Hamsters *in vitro* ab.

Bis jetzt waren *in vitro* gereifte Oozyten nur begrenzt furchungsfähig. *In vitro* gereifte tierische Oozyten entwickeln sich nach der Befruchtung nicht normal. Werden die Eizellen aber dem Ovar kurz vor der Ovulation entnommen und dann erst *in vitro* befruchtet, kommt es nach Übertragung in ein Muttertier zu normalen Nachkommen. Auch *in vitro* gereifte menschliche Oozyten degenerieren frühzeitig. Eine derartige Untersuchung des sich *in vitro* furchenden menschlichen Embryos erfordert, daß bei Probandinnen die Oozytenreifung im Ovar induziert wird und daß die Oozyten kurz vor der Ovulation entnommen werden. Die Entnahme von Oozyten aus dem Ovar erfolgt mit Hilfe der Laparoskopie, eines einfachen chirurgischen Eingriffes (Abb. 4-4). Das Abdomen wird zunächst mit einem inerten Gas, etwa CO_2, gedehnt, um Raum für den Eingriff zu schaffen. Das Laparoskop, es handelt sich im wesentlichen um ein dünnes Teleskop mit einer externen Lichtquelle, wird durch die Bauchwand kurz unterhalb des Nabels, wo sich nur wenige Blutgefäße befinden, eingeführt. Man gewinnt mit diesem Gerät einen guten Überblick über die Ovarien und andere Abdominalorgane. Jetzt werden Spezialinstrumente durch kurze Schnitte in den Bauch eingeführt, und so kann eine Vielzahl operativer Eingriffe vorgenommen werden. Oozyten können dadurch gewonnen werden, daß die größten Follikel mit einer normalen Kanüle punktiert werden und ihr Gehalt abgesaugt wird (Abb. 4-5). Die Einschnitte im Abdomen werden mit Klammern wieder verschlossen. Eine Vollnarkose ist nicht notwendig, wird aber vom Arzt und von den Patientinnen vorgezogen. Die Operation ist so harmlos, daß die Patientin danach nur eine Nacht im Krankenhaus verbringen muß oder auch schon am gleichen Tag wieder entlassen werden kann.

In vitro gereifte und *in vitro* befruchtete menschliche Eier (Abb. 4-6) furchen sich ganz normal (Abb. 4-7), wenn sie sich in geeignetem Nährmedium befinden, etwa in HAM's F10 mit embryonalem Kälberserum oder Humanserum. Mehrere Embryonen konnten schon bis zur Blastozyste am Leben erhalten werden und sahen dabei ganz normal aus (Abb. 4-8). Die Differenzierung von innerer Zellmasse, Trophoblast und Blastozoel und die Anwesenheit vieler mitotischer Zellen lassen vermuten, daß die Entwicklung weiterlaufen würde, wenn die Embryonen in einen menschlichen Uterus zurückgebracht würden. Bevor man allerdings einen derartigen Schritt wagt, müßte man sicher sein, daß der Embryo auch

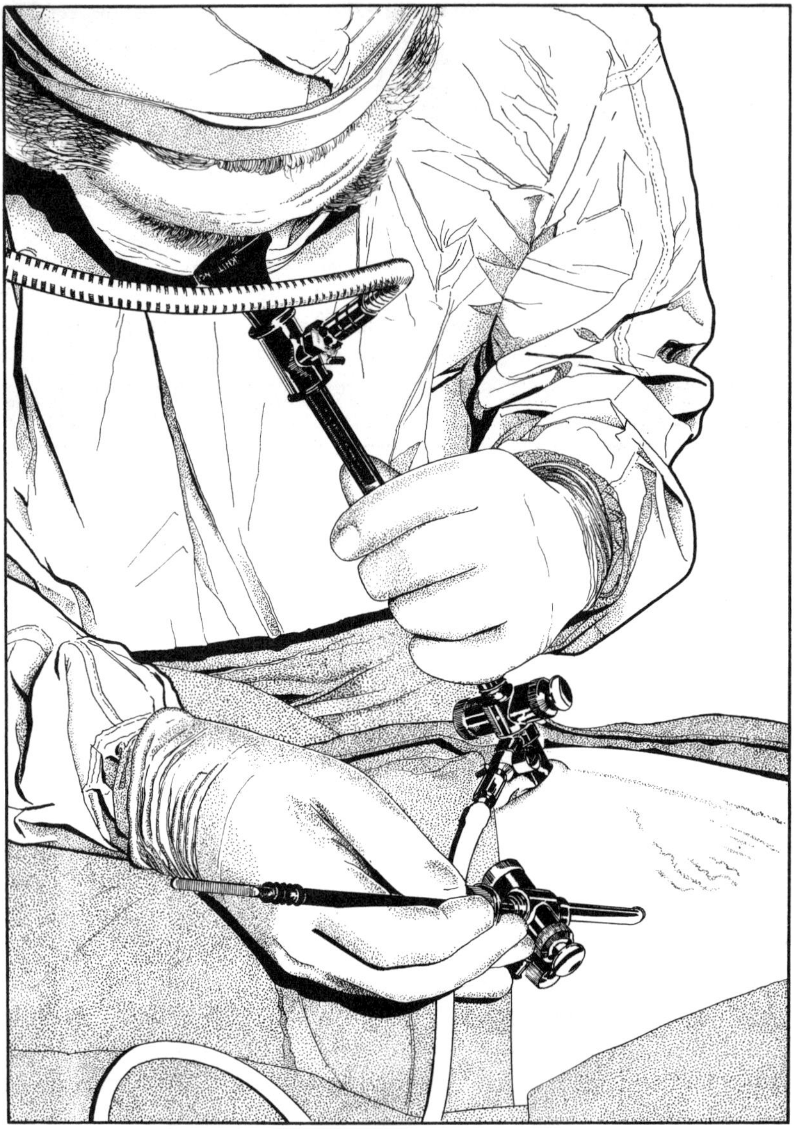

Abb. 4-4. Die Laparoskopie ist eine sichere und einfache Methode zur Durchführung verschiedener Bauchhöhleneingriffe. Licht aus externen Lichtquellen wird über Glasfasern geleitet, die in dem im oberen Bildteil an dem Gerät sichtbaren Schlauch liegen und das Licht durch das Teleskop führen, das der Operateur in der linken Hand hält. Der Operateur kann die Organe in der Bauchhöhle deutlich sehen. Die Bauchhöhle wird mit einem Gas ausgedehnt, um mehr Raum für den Eingriff zu schaffen. In dieser Abbildung ist das Arbeiten mit einer speziellen Pinzettenvorrichtung gezeigt, die von der rechten Hand des Operateurs gehalten und bedient wird. Man beachte die minimale Schädigung der Bauchdecke. Die Laparoskopie findet bei vielen Operationen Verwendung, wie bei der Tubenligatur, der Kauterisierung bei Endometriose, Entnahme von Biopsien aus der Leber oder anderswo, bei Un-

chromosomal normal ist. Hier könnte die Amniozentese, die später noch beschrieben wird, angewendet werden.

Diese *in vitro*-Techniken könnten bei der Überwindung einer verbreiteten Form der Sterilität des Menschen hilfreich sein, die auf Verengung oder Verschluß der Eileiter beruht (siehe Tab. 4-1). Nach hormonal induzierter Reifung könnten Oozyten gewonnen werden und mit den Spermatozoen des Ehemannes befruchtet werden. Nach *in vitro*-Kultur der Embryonen bis zum 8- oder 16-Zellenstadium könnten sie wieder in den Uterus der Frau transplantiert werden. Ein solches Verfahren könnte auch bei Oligospermie des Ehemannes angewandt

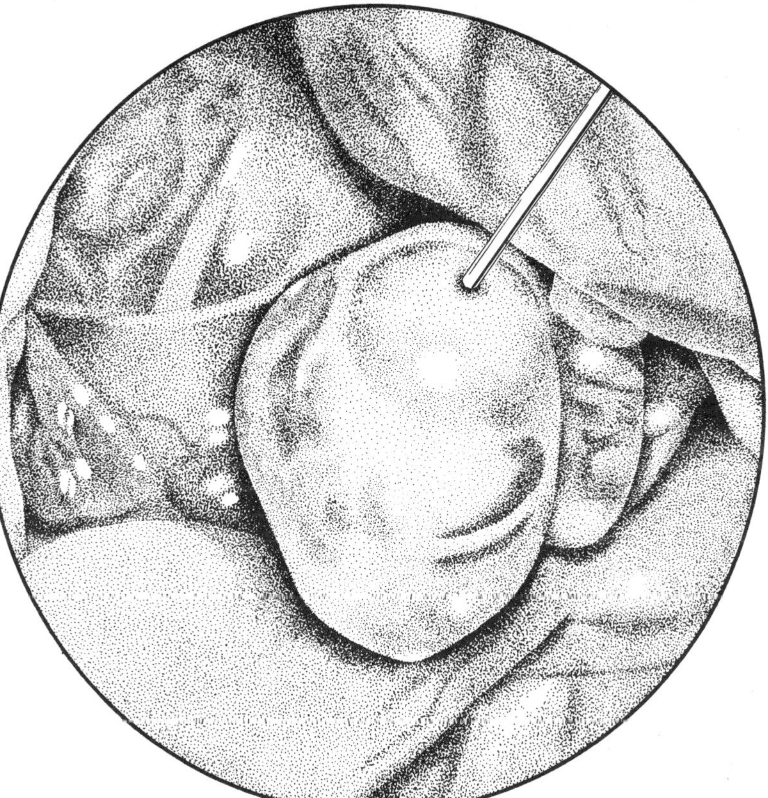

Abb. 4-5. Ein Ovar im laparoskopischen Bild. Die Patientin wurde mit Gonadotropinen zur Induktion des Follikelwachstums und der Ovulation vorbehandelt. Eine Kanüle wurde zur Gewinnung einer Eizelle in einen großen Graaf'schen Follikel an der Oberfläche des Ovars eingeführt.

tersuchungen der Eileiter und bei der Gewinnung von Oozyten und von Flüssigkeit der Graaf'schen Follikel. Andere Endoskopiemethoden erlauben eine Untersuchung der Feten oder der Wände von Uterus und Eileiter. In einigen Fällen können die Patienten noch am gleichen Tag nach der Operation wieder entlassen werden.

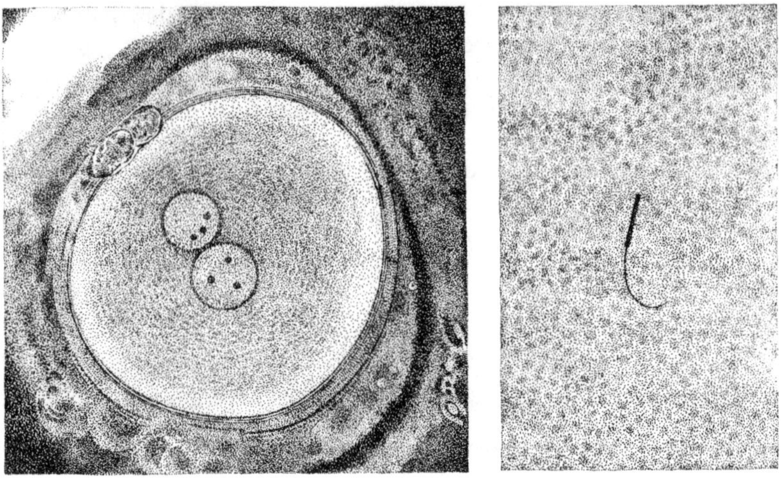

Abb. 4-6. Ein menschliches Ei nach Befruchtung *in vitro*. Man sieht die beiden Vorkerne und die Polkörper (linkes Bild) und in einer anderen Ebene das Mittelstück und den Schwanz des eingedrungenen Spermiums (rechtes Bild). (Nach B. D. Bavister, R. G. Edwards and P. C. Steptoe. *J. Reprod. Fert.* **20**, 159. Figs. 3*a* und 3*b*, 1969)

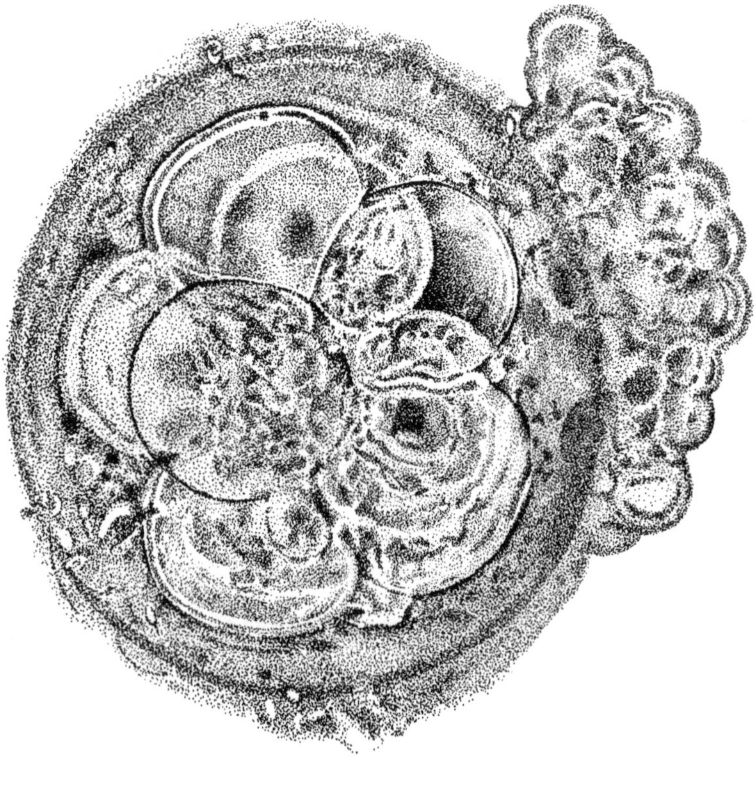

Abb. 4-8. Eine menschliche Blastozyste kurz vor der Implantation. Dieser Embryo bildete nach Befruchtung und Kultivierung *in vitro* am 6. Kulturtag eine Blastozyste. Man beachte die innere Zellmasse, den einschichtigen Trophoblasten, das Blastozöl und die dicke Zona pellucida. Der Embryo hatte etwa 100 Zellkerne, viele davon befanden sich in Mitose; ein Beweis dafür, daß der Embryo noch am Leben war.

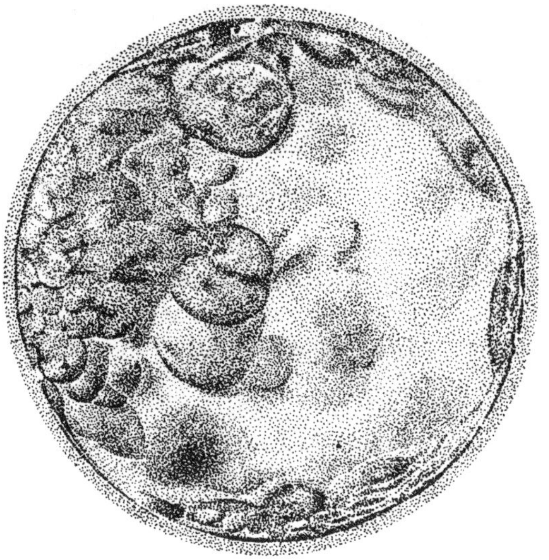

werden, denn die Befruchtung *in vitro* erfordert viel weniger Spermatozoen als diejenige *in vivo*. Aber auch bei der Lösung ganz anderer Probleme könnte die Methode erfolgreich eingesetzt werden. Wenn es erst möglich ist, das Geschlecht der menschlichen Blastozyste zu erkennen – bei Kaninchen und Schaf ist das bereits gelungen (Band 2, Kap. 4) – dann wird es möglich sein, die Geburt von Kindern mit geschlechtsgebundenen Erbkrankheiten zu verhindern.

Kontrolle der Fetalentwicklung

Der Anteil menschlicher Schwangerschaften, die vorzeitig enden, ist erstaunlich hoch. Etwa 10–15 % der Schwangerschaften enden als Spontanaborte zwischen der achten und achtzehnten Woche. Frühere Aborte werden kaum erkannt, denn der Fetus ist hier noch so klein, daß die Mutter häufig die Schwangerschaft noch nicht bemerkt. Implantierte Feten können aus unterschiedlichsten Gründen geschädigt sein, so etwa durch genetische Defekte, durch die Einwirkung von teratogenen Substanzen oder durch andere Einflüsse. Die Kontrolle der Fetalentwicklung von der Implantation bis zur Geburt kann mit verschiedenen Methoden erfolgen, etwa mit Röntgenstrahlen und Ultraschall, Hormonbestimmungen, Amniozentese und Amnioskopie.

Abb. 4-7. (linke Seite) Furchung eines menschlichen Embryos. Eine Eizelle wurde mit Hilfe der Laparoskopie gewonnen, *in vitro* befruchtet und bis zum 8-Zellen Stadium kultiviert. Die Blastomeren sind deutlich sichtbar. Einige Kumuluszellen haften noch an der Zona pellucida. (Nach R. G. Edwards, P. C. Steptoe and J. M. Purdy. *Nature, Lond.* **227**, 1307. Fig. 2, 1970)

Röntgenstrahlen

Die Röntgenaufnahmetechnik hat sich in den letzten 50 Jahren zu einer Standardmethode entwickelt und soll hier nur kurz behandelt werden. Die Technik ist zur Diagnostik in der Schwangerschaft sehr nützlich, aber es ist große Vorsicht geboten, da der Embryo besonders in frühen Entwicklungsstadien sehr empfindlich auf Röntgenstrahlen reagiert. Diese Methode wird verwendet, um die Zahl der Feten, die Lage des Fetus und der Plazenta zu diagnostizieren, manchmal sind auch Knochenanomalien, Mißbildungen im Bereich des Kopfes oder in anderen Körperregionen, wie etwa Spina bifida, erkennbar. Selbst degenerative Erscheinungen oder Anomalien in den weichen Geweben der Plazenta oder des Fetus können in seltenen Fällen erkannt werden.

Die Lokalisation der Plazenta kann aus verschiedenen Gründen wichtig sein und ebenfalls mit der Röntgenaufnahmetechnik erfolgen; heute gibt es dafür aber bessere Methoden. Der Mutter werden bestimmte radioaktive Substanzen verabreicht, die sich in der Plazenta ansammeln und dort nachgewiesen werden können.

Ultraschall

In zunehmendem Maße werden Methoden zu diagnostischen Zwecken genutzt, die auf Reflexion von Ultraschallwellen oder dem Dopplereffekt solcher Wellen basieren. Durch Echolotungen können Abbilder des Fetus oder der Plazenta ge-

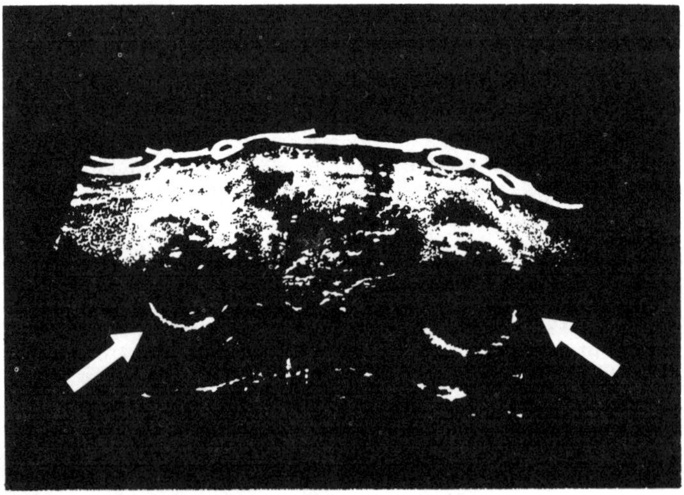

Abb. 4-9. Verwendung von Ultraschall zur Darstellung implantierter Feten. Das Bild zeigt die beiden Köpfe von Zwillingen im Alter von 29 Wochen (Pfeile). (Nach I. Donald. *Brit. Med. Bull.* **24,** 71. Fig. *Q,* 1968)

wonnen werden (Abb. 4-9). Die Genauigkeit solcher Abbildungen kann dadurch erhöht werden, daß man die schallerzeugenden Sonden durch Einführen in die Cervix in die Nähe des Feten bringt. Mit dieser Methode kann die Zahl der Feten bestimmt werden. Hydatidiforme Molen (gutartige Tumoren des Uterus) können vor $7^1/_2$ Wochen, Rückstände unvollständiger Aborte können später erkannt werden. Die Ultraschallmethode ermöglicht Größenbestimmungen an Fetus und Plazenta und am Kopf des Feten (bis 0,5 mm Genauigkeit) und dient der Erkennung ausgedehnterer Mißbildungen des Embryos. Verzögerung in der Entwicklung des Kopfes kann ein Hinweis darauf sein, daß die Plazenta nicht richtig arbeitet (plazentale Insuffizienz). Die Kenntnis der Größe des Embryos ist, wie wir später sehen werden, für die Geburtshilfe von Bedeutung.

Das Dopplerprinzip wird besonders bei der Bestimmung der embryonalen Herzfrequenz von der siebenten Schwangerschaftswoche an genutzt (Abb. 4-10). Der fetale Herzschlag kann auch mit der sogenannten Elektrokardiographie bestimmt werden. Die Methoden der Herzfrequenzbestimmung dienen dazu festzustellen, ob der Embryo noch lebt, und sind ganz besonders während der Geburt wichtig, wo die Gefahr des Sauerstoffmangels für das Baby besonders groß ist.

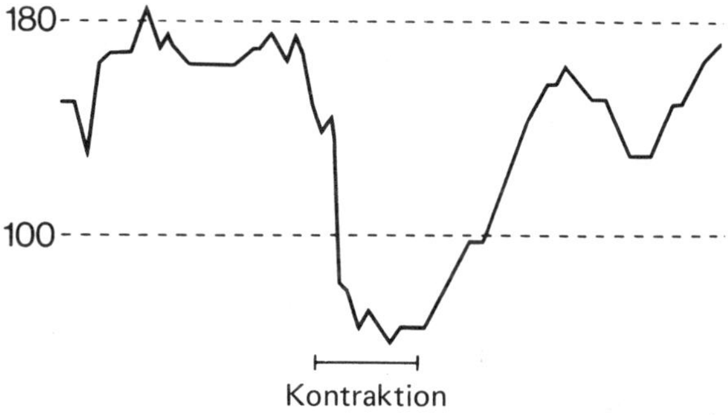

Abb. 4-10. Verwendung von Ultraschall zum Nachweis des fetalen Herzschlages. Die Reduktion der Herzschlagfrequenz, die bei der Kontraktion des Uterus auftritt, ist ein Hinweis darauf, daß die Nabelschnur abnorm stark komprimiert wird. (Aus *Fetal Growth and Development*. Ed. H. A. Waisman and G. Kerr. McGraw-Hill, New York. Fig. 5-2, 1970)

Bestimmung des Östradiolspiegels im Urin

Messungen des Östradiolspiegels im Urin der Mutter erlauben Rückschlüsse auf den Gesundheitszustand des Embryos. Das von der Mutter ausgeschiedene Östradiol stammt aus der Plazenta und aus den embryonalen Nebennieren (siehe Band 3, Kap. 1). Ein plötzlicher Abfall der mütterlichen Östradiolausscheidung, bei unveränderter Auscheidung anderer Steroidmetaboliten, ist ein Hinweis auf den bevorstehenden Tod der Feten.

Amniozentese und Amnioskopie

Das Volumen der Amnionflüssigkeit beträgt etwa 25–30 ml in der zehnten Schwangerschaftswoche, 200 ml in der 17. Woche und 1500 ml gegen Ende der

Schwangerschaft. Zunächst ähnelt die Flüssigkeit anderen extrazellulären Körperflüssigkeiten, sie enthält aber mit zunehmender Schwangerschaftsdauer immer mehr fetalen Urin. Kurz vor der Geburt produziert der Embryo nahezu 500 ml Urin pro Tag und schluckt täglich nahezu die gleiche Menge Amnionflüssigkeit, beides ist für die Aufrechterhaltung der normalen Flüssigkeitsmenge im Amnion wichtig. Bei der Amniozentese wird eine geringe Menge dieser Flüssigkeit zur Analyse entnommen. Mit dieser Methode können einige fetale Anomalien erkannt werden. Die Amniozentese sollte möglichst früh durchgeführt werden, damit, falls notwendig, die Schwangerschaft rechtzeitig unterbrochen werden kann. Der früheste Zeitpunkt, zu dem die Amniozentese durchgeführt werden kann, ist die vierzehnte Schwangerschaftswoche oder kurz danach, es können dabei einige Milliliter Flüssigkeit gewonnen werden. Ein kleiner Einschnitt in die Bauchwand genügt zur Entnahme mit Hilfe einer langen Kanüle. Risiken für den Embryo sind mögliche Verletzungen, Infektionen und Abort, allerdings sind solche Fälle selten. Die vorherige Lagebestimmung des Embryos mit Ultraschall oder radioaktiven Substanzen (siehe oben) ist für eine erfolgreiche Ausführung der Amniozentese sehr wichtig.

Die bei der Amniozentese gewonnene Amnionflüssigkeit mit den darin suspendierten Zellen wird für verschiedenste Untersuchungen verwendet. Zu den wichtigsten gehören die Bestimmungen möglicher hämolytischer und genetischer Krankheiten des Fetus. Hämolytische Erkrankungen werden in Band 4, Kap. 4, besprochen, ihre frühe Diagnose hängt vom Nachweis von Bilirubin in der Amnionflüssigkeit ab. Bilirubin wird beim Abbau der fetalen Erythrozyten frei und gelangt über den Urin in die Amnionflüssigkeit. Die Intensität der Gelbfärbung der Amnionflüssigkeit ist ein empfindliches Maß für das Ausmaß der Zellschädigung im Embryo. Hohe Bilirubinwerte zeigen an, daß für den Embryo jede Hilfe zu spät kommt. Wenn die Schwangerschaft fast beendet ist, können die Wehen unter diesen Umständen vorzeitig eingeleitet werden. Die Häufigkeit hämolytisch bedingter Todesfälle sollte eigentlich zurückgehen, da es möglich ist, die Mutter mit anti-Rh-Serum zu behandeln und so ihre Immunisierung durch einen Rhesus-positiven Embryo zu verhindern.

Der neueste Fortschritt besteht darin, den Embryo optisch auf Entwicklungsstörungen hin untersuchen zu können. Das geschieht durch die Amnioskopie, bei der durch die Cervix hindurch ein Teleskop eingeführt wird. Eine genaue Beobachtung des Embryo ist allerdings schwierig, solange er von der normalen Menge Amnionflüssigkeit umgeben ist, so daß vorher viel Flüssigkeit entfernt werden muß, oder aber das Amnion wird während des Eingriffes perfundiert.

Erbkrankheiten

Ein Problem bei der Diagnose von Erbkrankheiten beim Fetus besteht in der Frage, welche Embryonen in dieser Hinsicht untersucht werden sollen. Nur sehr wenige Schwangerschaften können zur Zeit überwacht werden, und man sollte sich deshalb nur auf solche Fälle konzentrieren, bei denen das Risiko einer Erbkrankheit besonders groß ist. In vielen Familien werden mutierte Gene erst nach der Geburt erkannt, das führt dann dazu, daß die nachfolgenden Schwangerschaften überwacht werden. Seltener können Träger rezessiver Gene für bestimmte Erbkrankheiten schon vor einer Familiengründung erkannt werden. Mehrere Erbfaktoren, die schwere Schädigungen bedingen, sind heute im heterozygoten Zustand nachweisbar, und es ist möglich, in diesen Fällen das Risiko für die Geburt eines erbkranken Kindes anzugeben. Die Zellen der Amnionflüssigkeit eignen sich besonders gut zur Untersuchung des fetalen Genotyps.

Eine Geschlechtsdiagnose am Fetus kann mit Hilfe des Sexchromatins (Band 2, Kap. 2) mit über 90 % Sicherheit schon in der zwanzigsten Schwangerschaftswoche durchgeführt werden. Das Geschlecht kann auch nach einer allerdings schwieriger durchzuführenden chromosomalen Analyse der Amnionzellen erkannt werden. Die Geschlechtsdiagnose ist dann wichtig, wenn geschlechtsgebundene rezessive Erbleiden in der Familie die Gesundheit der männlichen Nachkommen bedrohen. Einige Beispiele für lebensbedrohende geschlechtsgebundene Erbkrankheiten sind Hämophilie (eine Störung im Blutgerinnungssystem), Störungen im Immunsystem und eine Form der Muskeldystrophie. Diese Krankheiten können schon bald nach der Geburt zum Tode führen, und in einigen Kliniken werden männliche Feten mit einem hohen Risiko für derartige Erbkrankheiten abgetrieben. Nur 50 % der männlichen Nachkommen erben das entsprechende mutierte X-Chromosom, aber es müssen alle männlichen Feten abgetrieben werden, da es bisher unmöglich ist, die betroffenen Feten von den normalen zu unterscheiden.

An den kultivierten Amnionzellen können Chromosomenanalysen durchgeführt werden. Die meisten mongoloiden Babys haben eine Trisomie für das Chromosom Nr. 21 (siehe Band 2, Kap. 5). Es ist aber nicht voraussagbar, welche Frau ein trisomes Kind bekommen wird, wenn auch das Risiko bei älteren Frauen zunimmt. Wollte man alle trisomen Feten erkennen, dann müßte man Amniozentesen und Chromosomenanalysen von allen Frauen, mindestens von solchen, die ein bestimmtes Alter überschritten haben, durchführen, ein nahezu unmögliches Unterfangen. Mongolismus kann aber auch durch eine Translokation eines Chromosoms Nr. 21 an ein anderes (etwa Nr. 15) bedingt sein. In solchen Fällen kann das Risiko für die Nachkommen besser abgeschätzt werden, weil hier in der Regel Stammbaumanalysen zur Vererbung des Translokationschromosoms möglich sind, zudem ist normalerweise ein Elternteil Träger des im Chromosomenbild gut erkennbaren Translokationschromosoms.

Erbkrankheiten können auch auf mutativ bedingten Enzymdefekten beruhen. Einige dieser Defekte können direkt an den entnommenen Amnionzellen erkannt werden, gewöhnlich ist eine Diagnose aber erst möglich, nachdem die Zellen in der Gewebekultur vermehrt wurden. Es könnte sein, daß in einigen Fällen die Defekte in der Kultur verschwinden, viele biochemische Störungen konnten aber bereits in derartigen Zellen nachgewiesen werden. Einige Beispiele sind in Tab. 4-2 zusammengestellt.

Tabelle 4-2. Beispiele für Erbkrankheiten, die pränatal diagnostiziert werden können

Erbkrankheit	Diagnose
Chromosomenanomalien (siehe Band 2, Kap. 5)	Polyploidien, Trisomien, Monosomien, Translokationen
Geschlechtsgebunden vererbte Erbkrankheiten: Hämophilie (Bluterkrankheit) Muskeldystrophie vom Typ Duchenne (progressive Atrophie und Paralyse der Muskeln, früher Tod)	Stammbaumanalysen und Analysen des Geschlechtes des Feten
Tay-Sachs Krankeit (Muskelschwäche, Krämpfe, Erblindung und Schwachsinn bei 4 Monate alten Kindern)	Enzymdefizienz (Hexosaminidase A) in kultivierten Zellen des Feten und der Amnionflüssigkeit
Galaktosämie (erhöhter Galaktosespiegel im Blut bedingt Erbrechen, Durchfall, Gelbsucht und Schwachsinn bei Kindern)	Enzymdefizienz (Galactose-1-phosphat-uridyltransferase) in kultuvierten Zellen des Feten
Angeborene Störungen des Stoffwechsels von Lipiden und Mucopolysacchariden	Enzymdefizienzen in kultivierten Zellen des Feten
Xeroderma pigmentosum (Pigmentflecke und greisenhafte Veränderungen auf der Haut von Kindern)	Enzymdefizienzen des DNS-Reparaturmechanismus in kultivierten Zellen des Feten
Adrenogenitales Syndrom (Vermännlichung bei Mädchen; vorzeitige Geschlechtsreife bei Knaben schon bei der Geburt oder später)	Erhöhung des Östriolspiegels im mütterlichen Urin oder große Mengen von 17-Ketosteroiden und Pregnantriol in der Amnionflüssigkeit gegen Ende der Schwangerschaft

Die vorgeburtliche Diagnose von Erbkrankheiten dient eher als Indikation für eine Abtreibung und nicht so sehr einer intrauterinen Behandlung des Fetus. Über den Nutzen eines solchen Vorgehens für eine längerfristig anzustrebende Elimination von Erbkrankheiten gibt es berechtigte Zweifel. Diese Methode führt letztlich dazu, daß homozygot betroffene Feten durch heterozygote ersetzt werden. Somit könnte es zu einer ständigen Zunahme der Frequenz mutierter Gene auf Kosten nachfolgender Generationen kommen. Einige Genetiker meinen deshalb, man solle zunächst genetische Register von solchen Familien anlegen, die von genetisch orientierten Kliniken betreut werden, so daß die Verbreitung mutierter Gene genau verfolgt und mit Hilfe der Amniozentese kontrolliert werden kann. Die fetale Diagnose sollte eines Tages zu korrigierenden Eingriffen *in utero* führen, um so die Wirkungen mutierter Gene schon vor der Geburt zu mildern. Bei einer Form der Epilepsie ist das bereits gelungen. Die Versorgung der Mutter mit dem entsprechenden, dem Fetus fehlenden Substrat (Pyridoxin) behob die Mangelerscheinung beim Fetus. Bedauerlicherweise ist es bisher noch nicht möglich, Schäden in fetalen Zellen nach Rötelninfektionen oder nach Einwirkung von Rhesus-Antigen nachzuweisen.

Selektive Schwangerschaftsunterbrechung

Die Anwendung selektiver Schwangerschaftsunterbrechungen mit dem Ziel, die Häufigkeit von Mißgeburten zu senken, wirft schwierige moralische Probleme auf. Wenn Anencephalie nachgewiesen wird, dann würde wohl kaum jemand gegen eine Schwangerschaftsunterbrechung sein. Ähnliches gilt, wenn die Amniozentese den Nachweis erbringt, daß der Fetus mongoloid ist, wenn auch viele Eltern ihre eigenen mongoloiden Kinder liebgewinnen. Eine Entscheidung wird immer schwieriger, je geringfügiger die Defekte werden. Einige Gene, die nur geringe Schäden bedingen, werden jetzt noch toleriert, bei zunehmender Anwendung der Schwangerschaftsunterbrechung könnten sie aber eines Tages als untragbar gelten. Das die Galaktosämie bedingende Gen etwa hat relativ harmlose Auswirkungen, die zudem noch durch langandauernde Behandlung korrigiert werden können. Selbst diese harmlosen Symptome könnten aber für viele Eltern als unakzeptabel gelten, wenn sie darüber entscheiden könnten. Die Grenze zwischen normal und lebenswert auf der einen und anormal und nicht lebenswert auf der anderen Seite ist schwierig zu ziehen. Wenn aber die selektive Schwangerschaftsunterbrechung allgemein anerkannt ist und praktiziert wird, dann könnte das durch einige in der menschlichen Population vorhandene mutierte Gene bedingte Leid erheblich reduziert werden. Die Behandlung erbkranker Kinder ist oft langwierig und teuer, und durchaus nicht immer erfolgreich – sie kann zudem das Individuum zu einem leidvollen und entbehrungsreichen Leben verdammen.

Es wurde schon vorgeschlagen, die Geschlechtsdiagnose am Embryo mit Hilfe der Amniozentese in Kombination mit selektiver Schwangerschaftsunterbrechung aus sozialen Gründen zu einer Beeinflussung des Geschlechtsverhältnisses zu verwenden. Wenn derartige Vorschläge allgemein akzeptiert würden, was allerdings unwahrscheinlich ist, dann könnten sie in Ländern, in denen ein Geschlecht besonders bevorzugt ist, zu einem tiefgreifenden Einfluß auf das Geschlechtsverhältnis führen. Das wiederum würde die Vermehrungsrate beeinflussen und Sitten und Gebräuche verändern. In den Industrieländern wären derartige Auswirkungen unwahrscheinlich, weil hier das bevorzugte Geschlechtsverhältnis dem natürlichen Verhältnis entspricht. Allerdings würde sich wohl die Reihenfolge der Geschlechter ändern, da offenbar als erstes Kind häufig ein Knabe gewünscht wird.

Die Geburt und das neugeborene Kind

Die raschen methodischen Fortschritte auf dem Gebiet der Amniozentese und anderer Methoden zur Untersuchung des Fetus haben bisher nichts daran geändert, daß sich Gynäkologen und Paediater erst nach der Geburt mit den meisten Erbkrankheiten auseinandersetzen müssen. Wenn derartige Erschwernisse noch zusätzlich zu denen der Geburt und zu denen des Kindes bei der Anpassung an die neue Umgebung hinzukommen, dann wird klar, daß die Geburt für Mutter und Kind eine äußerst kritische Situation darstellt. Einige der oben beschriebenen Methoden dienen auch zur Warnung vor drohenden Geburtsschwierigkeiten. Mit der Ultraschallmethode etwa kann der Kopfumfang des Kindes im Verhältnis zur Weite des Geburtskanals bestimmt werden. Zum Glück können viele Ursachen für Geburtsschwierigkeiten vorher erkannt werden, und die erforderlichen Behandlungsmethoden stehen zur Verfügung.

In diesem Abschnitt wollten wir uns besonders mit der Milderung von Erbkrankheiten bei Kindern beschäftigen. Viele werden während der Schwangerschaft übersehen, entweder weil der Fetus nicht untersucht wurde (noch auf lange Sicht wird es nicht möglich sein, mehr als nur einige wenige ausgesuchte Feten zu untersuchen) oder weil die erforderlichen Methoden noch nicht existieren. So ist etwa Spina bifida durchaus nicht immer unheilbar, kann aber nur in seltenen Fällen während der Schwangerschaft erkannt werden. Glücklicherweise können viele Mißbildungen, besonders diejenigen von weichen Geweben, kurz nach der Geburt korrigiert werden.

Seit jüngster Zeit gibt es einen weiteren wichtigen Fortschritt bei der Behandlung Neugeborener. Einige Kinder leiden an einer angeborenen Unfähigkeit zur Bildung von Antikörpern, was schnell zum Tode führen kann. Solchen Kindern kann man menschliches Thymusgewebe implatieren oder Antikörper-bildende Zellen eines Spenders injizieren. Das hat in den Fällen zur Linderung der Symptome geführt, in denen sich die injizierten Zellen in den Geweben der Patienten angesiedelt hatten. Eine Gefahr bei einer derartigen Behandlung ist eine Antigen-Antikörper-Reaktion des implantierten gegen das Empfängergewebe; ein dadurch bedingter Todesfall ist bekannt geworden. Auch der umgekehrte Fall – Reaktion des Empfängers gegen das Spendergewebe – ist trotz der geringen Immunantwort des Patienten möglich. Das Erstaunliche bei dieser Form der Therapie ist die langanhaltende Besiedlung von Organen des Kindes mit Spenderzellen. Wir werden darauf noch einmal zurückkommen, wenn wir die Entstehung von Chimären während der frühen Embryonalentwicklung behandeln. Einige Wissenschaftler sehen bereits weitere Therapiemöglichkeiten voraus, die sich aus dieser Methode entwickeln könnten, wie etwa Fusionierungen zwischen defizienten Zellen des Kindes und normalen Spenderzellen und die Implantation dieser fusionierten Zellen.

Ein weiterer Aspekt, den wir hier erwähnen müssen, ist die Frühgeburt. Methoden zur Lebenserhaltung solcher Kinder haben sich sehr schnell entwickelt. Heute haben selbst Kinder von 1 kg Gewicht oder einem Alter von 24 Wochen

Überlebenschancen, wenn sie intravenös oder über eine Nasenschlundsonde ernährt werden, wenn Temperatur, Feuchtigkeit und Sauerstoffdruck genauestens kontrolliert werden und wenn eventuell drohende Komplikationen im Stoffwechsel rechtzeitig erkannt werden. Das zeigt, daß die volle Schwangerschaftsdauer nicht notwendig für das Leben des Kindes ist und daß die letzten 10 Wochen des fetalen Lebens auch im Inkubator verbracht werden können. Es wäre denkbar, daß Feten eines Tages ganz außerhalb der Gebärmutter kultiviert werden können.

Ausblicke auf die Zukunft

Die Fortschritte auf dem Gebiet der Kontrolle menschlicher Fortpflanzung könnten in Zukunft zu ganz unerwarteten Entwicklungen führen. Sie könnten das »Baby aus der Retorte« ermöglichen, das von Anbeginn im Reagenzglas heranwächst. Die Verwirklichung einer solchen Möglichkeit würde die Befreiung der Frau erheblich vorantreiben. Sind aber »Babys aus der Retorte« tatsächlich schon im Bereich des Möglichen? Die technischen Probleme sind gewaltig, wenn auch nicht unlösbar. Viele Kinder überleben eine vorzeitige Geburt obwohl während dieser kritischen Zeit in ihrem Stoffwechsel große Umstellungen erfolgen müssen. Ein bis zu dieser Zeit schon unter Laborbedingungen erfolgtes kontrolliertes Wachstum des Embryos würde das Geburtstrauma unnötig machen und die Überlebenschance des Fetus erhöhen. Ein Hauptproblem ist das Wachstum und die Aufrechterhaltung einer natürlichen oder künstlichen Plazenta, die das Wachstum des Fetus in den ersten 3–4 Monaten garantiert. Es wurden bereits Experimente mit Aborten in der Mitte der Schwangerschaft durchgeführt, wobei Herz-Lungen-Maschinen an die fetalen Gefäße angeschlossen wurden. Die Feten konnten tatsächlich am Leben erhalten werden, wenn auch wegen technischer Schwierigkeiten bisher nur ein oder höchstens zwei Tage. Am erfolgreichsten waren bisher Experimente mit Ratten- und Mäuseembryonen, die kurz nach der Implantation entnommen und unter Laborbedingungen mehrere Tage bis zur Ausbildung von Kopf, Körper und Extremitäten gehalten werden konnten, der fetale Anteil des Allanto-Chorions entwickelte sich aber abnorm, und das führte zum Tod der Embryonen. Ein Problem, das wahrscheinlich bald gelöst sein wird, ist die Induktion des Wachstums der Embryonen von der Blastocyste bis zu den früheren Stadien der Implantation. Damit könnten dann auch die Bedingungen für eine weitere Entwicklung menschlicher Blastocysten untersucht werden. Aber selbst wenn alle diese Schwierigkeiten überwunden wären, könnten Kosten und Aufwand bei der *in vitro*-Kultivierung eines Fetus eine solche Unternehmung sinnlos machen. Auch soziale Vorurteile könnten diese Arbeitsrichtung hemmen.

Weniger spektakuläre Techniken könnten dagegen schon bald angewendet werden. Die Geschlechtserkennung an menschlichen Blastocysten *in vitro* könnte möglich werden. Mindestens drei Methoden wurden bisher bei Tieren erfolgreich angewandt, Entnahme kleiner Gewebestücke für die cytologische Analyse, Erfassung von Unterschieden im Enzymbestand und die Verwendung von Antikörpern. Die erste und die letzte der genannten Methoden sind besonders vielversprechend. Eine andere Möglichkeit, die aber wiederum ethisch problematisch wäre, ist die, einen menschlichen präimplantativen Embryo nach kurzer *in vitro*-Passage einer Amme zu implantieren, die das Kind austragen und dann der »echten« Mutter übergeben würde. Ein derartiger »Transfer« sollte ohne allzu große Schwierigkeiten möglich sein, könnte aber zu erheblichen sozialen Schwierigkeiten führen. Die Lösung solcher Probleme wird weder leicht sein, noch kann sie erzwungen werden, denn die Meinungen hierzu werden weit auseinandergehen, ähnlich wie wir es heute beim Problem der Abtreibung erleben.

Eine Kontrolle der menschlichen Entwicklung könnte auch mittels einer genetischen Manipulation geschehen. Dabei wäre an Viren oder an isolierte DNS zu denken, immerhin wurde bereits über Antigene berichtet, die in virus-infizierten Mäuseeiern neu auftraten. Es sind hier aber noch große Schwierigkeiten zu überwinden, besonders bei der Isolation von geeigneten DNS-Abschnitten. Andere Möglichkeiten der Beeinflussung des Embryos sind dagegen leichter realisierbar. Die Embryonalentwicklung der Maus läßt sich durch Injektion von Zellen eines Embryos in einen anderen verändern. Die injizierten Zellen besiedeln große Bereiche in den Organen des Empfängertieres, das somit zu einer Chimäre wird. Das kann sichtbar gemacht werden, indem man Zellen injiziert, die bestimmte Gene für Fellfärbung besitzen und dann ein geschecktes Aussehen des Tieres bedingen, wie wir es etwa von den Schildpatt-Katzen kennen (siehe Band 2, Kap. 4). Ein solcher Eingriff kann klinisch dann von Bedeutung sein, wenn die injizierten Zellen die Wirkung eines im Wirtsembryo vorhandenen schädlichen Gens überdecken. Die Technik wurde bei neugeborenen Kindern angewendet, um Immundefizienzen zu beheben (siehe oben). Die Herstellung von Blastocystenchimären ist die neueste Entwicklung auf diesem Gebiet, aber es ist schwer vorstellbar, welche Bedingungen eine solche Methode beim Menschen rechtfertigen könnten. Eine weitere Methode hat noch drastischere Konsequenzen: Der Eizellkern wird durch einen Kern ersetzt, der von einer Spenderzelle stammt; der Embryo ist dann die genaue Kopfe (»Klon«) der Spenderzelle. Ein solches Experiment ist an Fröschen bereits erfolgreich ausgeführt worden und wird jetzt an Mäusen versucht. Dennoch kann bezweifelt werden, ob das »klonierte« Kind tatsächlich eine exakte Kopie des Spenderkernes ist, Mutationen vor dem Kerntransfer sowie die uterine und soziale Umgebung könnten zu erheblichen Veränderungen führen.

Beeinflussungen des Geschlechtsverhältnisses, Herstellung von Chimären und Klonierungen würden in der Öffentlichkeit mit Sicherheit zu großer Aufregung führen. Es hat bereits öffentliche Reaktionen besonders auf die Idee der Klonierung gegeben. Derartige Diskussionen beziehen bedauerlicherweise auch Techniken mit ein, die für das Wohlergehen vieler Menschen von großer Bedeutung sind. Behebung von Unfruchtbarkeit, Linderung von Erbkrankheiten und das Verständnis der Grundvorgänge bei der Konzeption sind von allgemeiner Bedeutung. Aber selbst hier werden Einschränkungen gemacht, Behandlung unfruchtbarer Ehepaare wird mit der Begründung abgelehnt, es gäbe ohnehin schon zu viele Kinder und es warteten zu viele auf eine Adoption. Aber können wir einige Ehepaare nur deshalb zur Unfruchtbarkeit verdammen, weil andere zu fertil sind? Außerdem werden Kinder für Adoptionen mit zunehmender Bereitschaft zur Anwendung kontrazeptiver Methoden und zur Abtreibung seltener. Die verschiedenen Methoden zur Überwachung des Embryos sollten zu einer deutlichen Reduktion in der Häufigkeit von Geburtsfehlern führen. Wenn aber erst die Techniken zur Erkennung auch kleinerer Defekte des Embryos verbessert sind, dann wird man die Frage nach dem Recht des Embryos zu überleben in ethischer Hinsicht neu diskutieren müssen. Verbesserungen in der Kontrolle der präimplantativen Entwicklung *in vitro* werden ebenfalls ein großes öffentliches Interesse finden. Unsere Fortschritte sollten zu einer gründlichen und offenen Diskussion führen, damit ein rechtlicher Kompromiß zwischen dem Wünschbaren und dem Möglichen zustande kommen kann.

Ergänzende Literatur

Fetal Growth and Development. Ed. H. A. Waisman & G. Kerr. New York; McGraw-Hill (1970).

Laparoscopy in Gynaecology. P. C. Steptoe. Edinburgh & London; Livingstone (1967).

Fertility Disturbances in Men and Women. Ed. C. A. Joel. Basel, Munich and New York; S. Kager (1970).

The Biocrats. Gerald Leach. London; Johnathan Cape (1970). (A comment by a journalist on birth control, test-tube reproduction, the treatment of birth defects, etc.)

Human Sexual Inadequacy. W. H. Masters and V. E. Johnson. London; Churchill (1970).

Induction of ovulation with gonadotrophins. A. C. Crooke. *British Medical Bulletin* **26**, 17 (1970).

Social values and research in human embryology. R. G. Edwards and D. J. Sharpe. *Nature, London* **231**, 87 (1971).

Human blastocysts grown in vitro. P. C. Steptoe, R. G. Edwards and J. M. Purdy. *Nature, London* **229**, 332 (1971).

Outcome of pregnancy after induced ovulation. M. Hack, M. Brish, D. M. Serr, V. Insler and B. Lunenfield. *Journal of the American Medical Association* **211**, 791 (1970).

Ultrasonics in obstetrics. I. Donald. *British Medical Bulletin* **24**, 71 (1968).

5 Fortpflanzung und Gesellschaft

R. V. Short

Das Bevölkerungsproblem

Die Menschheit steht einem Paradoxon gegenüber. Die meisten Menschen empfinden die geschlechtliche Vereinigung als eine tiefemotionale persönliche Erfahrung, die das Geheimnis des Lebens selbst zu berühren scheint, gleichzeitig ist sie aber Bestandteil eines biologischen Prozesses, der, wenn er ungezügelt abläuft, die Lebensqualität vermindert, die uns gewohnte gesellschaftliche Ordnung zerstört und die Welt, in der wir leben, bedroht. Nur ein kurzer Blick auf die Abb. 5-1 zeigt das wahrhaft schockierende exponentielle Wachstum der Erdbevölkerung in den letzten Jahrzehnten. Es ist nicht übertrieben, wenn man sagt, daß die Form dieser Kurve in den nächsten 100 Jahren über das Schicksal der Menschheit entscheiden wird. Die Weltbevölkerung wächst jetzt jährlich um 2 %, und das bedeutet alle 35 Jahre eine Verdoppelung (siehe Abb. 5-2).

Um zu verstehen, wie es zu einer derart mißlichen Situation kommen konnte, müssen wir eine geschichtliche Betrachtung anstellen. Das Wachstum einer Population resultiert aus dem Verhältnis von Geburts- zu Sterberaten. In der Vergangenheit war die Sterberate bei Kindern sehr hoch. Im 16. Jahrhundert erreichten in York nur 20 % der Kinder das 20. Lebensjahr. Bei solchen Verlusten vor dem fortpflanzungsfähigen Alter überrascht es nicht, daß das Bevölkerungswachstum in Grenzen gehalten wurde. Zusätzlich starben noch viele Menschen an den großen Seuchen. Von 1347 bis 1350 starb ein Viertel der Bevölkerung Europas an der Pest.

Mit der Entwicklung der Medizin haben die Ärzte, getreu ihrem hippokratischen Eid, alle ihre Fähigkeiten darauf verwandt, den Tod zu kontrollieren, und zweifellos werden sie das auch in Zukunft tun. Es ist ästhetisch befriedigender und ökonomisch billiger, den Tod abzuwehren, als eine Geburt zu verhindern. Das Ergebnis ist ein eindrucksvoller Rückgang in der Säuglingssterblichkeit. Die damit einhergehende Zunahme in der Zahl fortpflanzungsfähiger Menschen hatte die Bevölkerungsexplosion zur Folge. Im Gegensatz zu der Situation im 16. Jahrhundert erreichten in York 1910 bereits 80 % der Kinder das fortpflanzungsfähige Alter, heute sind es fast 98 %. Die Folgen der Kontrolle über den Tod ohne eine gleichzeitige Kontrolle über die Geburten wird am Beispiel von Ceylon deutlich (siehe Abb. 5-3), wo die Bevölkerungszunahme alarmierende Ausmaße angenommen hat. Der makabre Gedanke, der Mensch habe den Sieg über die Krankheit mit der Einführung neuer Methoden der Massenvernichtung kompensiert, ist höchst unbefriedigend. Der Krieg im Fernen Osten und die Atombomben von Hiroshima und Nagasaki haben nur zu einer kurz andauernden Depression des Bevölkerungswachstums in Japan geführt, die durch eine nach dem Krieg ansteigende Geburtenrate wieder voll ausgeglichen wurde (siehe

Abb. 5-1. Wachstumsrate der Weltbevölkerung seit 6000 vor Christus.

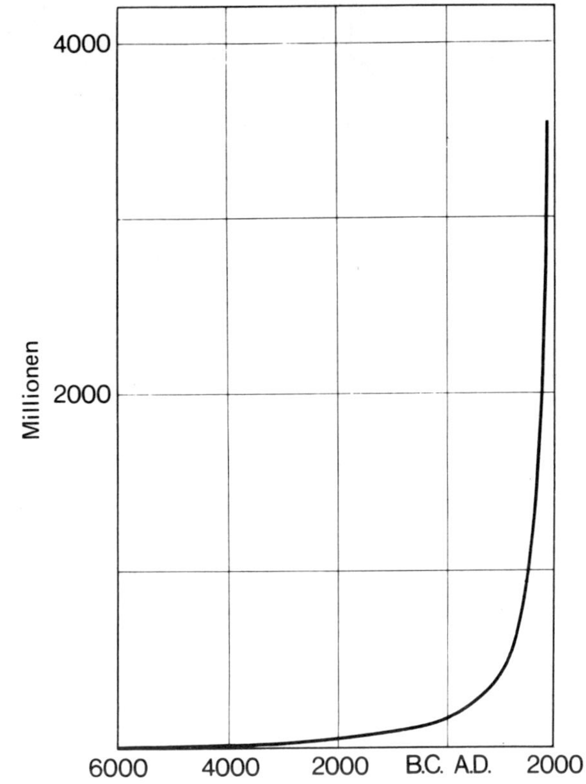

Abb. 5-2. Der Zusammenhang zwischen der jährlichen Bevölkerungszunahme in Prozent und dem Zeitraum, in dem sich die Bevölkerung verdoppelt. Dargestellt sind die heutigen Werte in den fünf Kontinenten bei Zugrundelegung der westlichen Sterberaten.

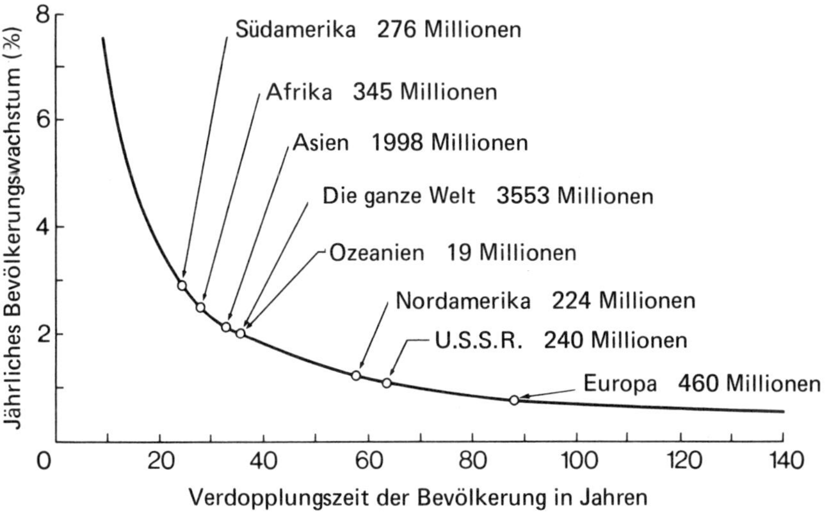

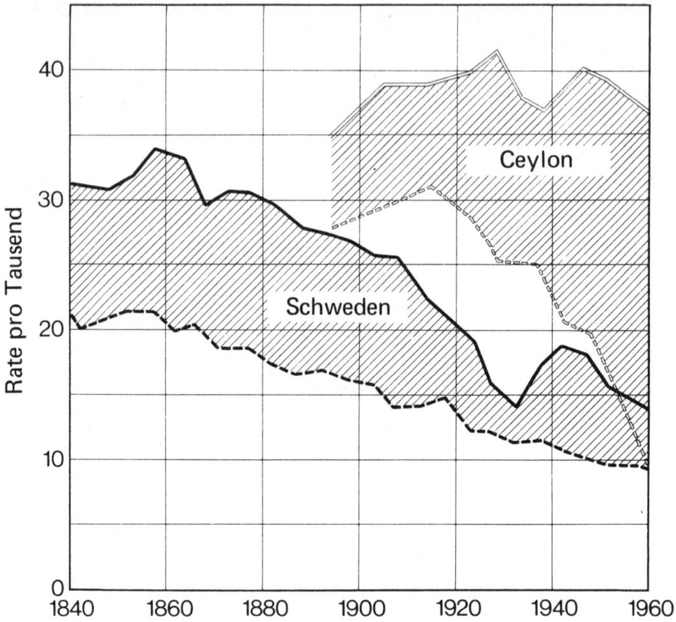

Abb. 5-3. Geburtsraten (durchgezogene Linien) und Sterberaten (gestrichelte Linien) in Ceylon und Schweden. Die Bevölkerungsexplosion in Ceylon beruht auf der Abnahme der Sterberate als Folge der verbesserten medizinischen Versorgung und der Eindämmung der Malaria mit DDT. In Schweden dagegen nimmt die Geburtenrate stärker ab als die Sterberate, und das schon zu einer Zeit, als Kontrazeptiva noch nicht frei verfügbar waren. (Nach K. Davis. ›Population‹, *Sci. Amer.* **209**, 62, Sept. Copyright © 1963 von Scientific American, Inc. Alle Rechte vorbehalten)

Abb. 5-4). Knapp 55000000 Menschen wurden im Zweiten Weltkrieg getötet – ein wahrhaft unbedeutender Anteil der Erdbevölkerung.

Die Bedrohlichkeit der Situation wurde zuerst in den Schriften von Robert Malthus, einem zurückhaltenden jungen Lehrer mit einer Hasenscharte am Jesus College in Cambridge , klar hervorgehoben. Er wurde später Hilfsgeistlicher in einer kleinen Gemeinde in Surrey und beendete seine Karriere als Geschichtslehrer am Haileybury College. Im Jahre 1798, als er gerade seine Tätigkeit als Hilfspfarrer mit 32 Jahren aufgenommen hatte, erschien anonym die erste Ausgabe seines berühmten »*Essay on the Principle of Population as it Affects the Future Improvement of Society*«. Der Anstoß zu diesem Werk war sein Wunsch, den ungerechtfertigten Optimismus jener zu dämpfen, die glaubten, die Menschheit ginge einer Ära »unbegrenzter und bisher unbekannter Vollendung« entgegen. Malthus erkannte mit schonungsloser Deutlichkeit das Problem, das uns heute bedrängt, und seine Worte sind der Erinnerung wert:

»Ich glaube, ich kann mit einiger Berechtigung zwei Postulate aufstellen. Erstens, für die Existenz des Menschen ist Nahrung notwendig. Zweitens, die Leidenschaft zwischen den Geschlechtern ist notwendig und wird wohl immer

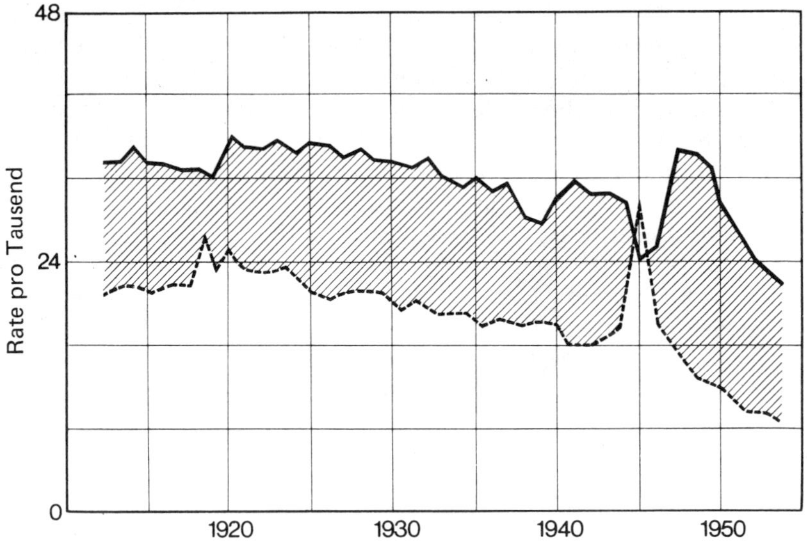

Abb. 5-4. Geburtsraten (durchgezogene Linien) und Sterberaten (gestrichelte Linien) in Japan. Die vorübergehende Wirkung des letzten Krieges wird deutlich sichtbar, ebenso die kompensatorische Zunahme der Geburtsraten nach Kriegsende. (Nach J. Huxley. ›World population‹, *Sci. Amer.* **194**, 64, March. Copyright © 1956 von Scientific American, Inc. Alle Rechte vorbehalten)

so bleiben, wie sie jetzt ist. Diese beiden Gesetze scheinen, solange wir etwas über die Menschheit wissen, immer schon für die Menschheit gültig gewesen zu sein; und da wir bis heute keine Veränderung dieser Gesetze festgestellt haben, haben wir auch kein Recht anzunehmen, daß sie eines Tages aufhören werden, das zu sein, was sie jetzt sind.

Nehmen wir nun an, meine Postulate wären richtig, dann sage ich, daß die Macht der Population unendlich viel größer ist als die Fähigkeit unserer Erde, Nahrung für die Menschen hervorzubringen. Die Population nimmt, wenn sie ungehindert wächst, in geometrischer Reihe zu. Die Nahrungsproduktion steigt aber nur in arithmetischer Reihe. Eine geringe Kenntnis der Mathematik zeigt bereits die gewaltige Übermacht der ersten über die zweite Macht. Aber das Gesetz, welches die Nahrung zur Notwendigkeit für das Leben des Menschen macht, erfordert, daß diese beiden ungleichen Mächte im Gleichgewicht zueinander stehen müssen. Das erfordert wegen der Schwierigkeit der Nahrungsbeschaffung eine strenge und immer wirkende Kontrolle über die Population . Diese Schwierigkeit muß irgendwie überwunden werden und muß notwendigerweise einen großen Teil der Menschheit betreffen.«

Man kann sich der eindrucksvollen Kraft dieses Argumentes nicht entziehen, noch seinem allgemeinen Wahrheitsgehalt. Malthus konnte nur eine unausweichliche Konsequenz aus dem Widerspruch zwischen Bevölkerungswachstum und Nahrungsbeschränkung voraussehen, nämlich eine Abnahme der Lebensqualität und ein weit verbreitetes Elend. Unsere Kinder werden uns bald sagen können, ob er mit dieser düsteren Voraussage recht hatte. Im nächsten Jahrhundert wird so oder so eine Entscheidung fallen müssen.

Im Hinblick auf die Nahrungsversorgung werden uns künftige technische Fortschritte und die Verbreitung vorhandenen Wissens dazu befähigen, mindestens das Doppelte oder Dreifache der jetzt vorhandenen Erdbevölkerung zu ernähren. Wenn Malthus recht hat, würde Nahrungsmittelmangel allein die Erdbevölkerung wohl erst in etwa 100 Jahren reduzieren. Aber können wir unter den Bedingungen einer verdoppelten oder verdreifachten Erdbevölkerung überhaupt existieren? Könnte unsere Umwelt der auftretenden Verschmutzung und dem Raubbau der Rohstoffe widerstehen? Schrecklicher noch als Malthus' Vorstellung von einer Begrenzung des Bevölkerungswachstums durch die vorhandene Nahrung wäre die Vorstellung von der Möglichkeit einer unbegrenzten Nahrungsproduktion.

Kontrolle tierischer Populationen in der Natur

Viele Menschen glauben an ein mystisches »Gleichgewicht der Natur«, das selbstregulierende, von der Bevölkerungsdichte abhängige Faktoren voraussetzt, die eine Population im Gleichgewicht mit ihrer Umwelt halten. In den letzten Jahren hat es viele Diskussionen und Kontroversen darüber gegeben, wie wildlebende Tierpopulationen reguliert werden. David Lack aus Oxford glaubt im Sinne von Malthus, die vorhandenen Nahrungsmengen würden die Populationsdichte bestimmen. Wynne-Edwards aus Aberdeen hat die angenehmere Vorstellung entwickelt, daß Sozial- und Verhaltensmechanismen bereits lange vor Einsetzen des Hungers die Reproduktionsrate senken. Unter den Säugetieren gibt es einige besonders eindrucksvolle Beispiele für die drastische Verminderung von Populationen durch Hunger. Eines der bekanntesten war eine Rentierherde von 29 Tieren, die auf der St. Matthew Insel im Nordpazifik im Jahre 1944 ausgesetzt wurde (siehe Abb. 5-5). Die Population wuchs rasch heran, und als sie ihre maximale Größe erreicht hatte, waren bereits eine Überweidung der Insel und eine Verschlechterung des allgemeinen körperlichen Zustandes der Tiere erkennbar. Der Zusammenbruch erfolgte in einem besonders harten Winter und war ganz offenbar durch Verhungern und Erfrieren der Tiere bedingt.

Anhänger von Wynne-Edwards würden sicherlich sagen, dies sei eine höchst unnatürliche Situation, das Ergebnis eines unnatürlichen Lebensraumes auf einer Insel ohne Möglichkeit der Wanderung und der Abwesenheit natürlicher Feinde wie Bären und Wölfe. Wie dem auch sei, die Population wuchs zu stark und brach als Folge davon zusammen.

Viele Beispiele belegen, daß das »Gleichgewicht der Natur« eine Illusion ist, denn die Populationen tendieren eher zu zyklischen Schwankungen, mit Zunahme der Population und nachfolgendem Zusammenbruch. Abb. 5-6 zeigt derartige zyklische Populationsschwankungen für den Luchs und den Schneehasen

Abb. 5-5. Anwachsen einer Rentierherde nach Aussetzen von 29 Tieren auf der Insel St. Matthew im Nordpazifik im Jahre 1944 und Zusammenbruch der Herde. Die Tiere starben offenbar an Hunger in einem harten Winter. (Nach D. R. Klein, Fig. 2. p. 350, *Journal of Wildlife Management*, volume 32, of The Wildlife Society, 1968)

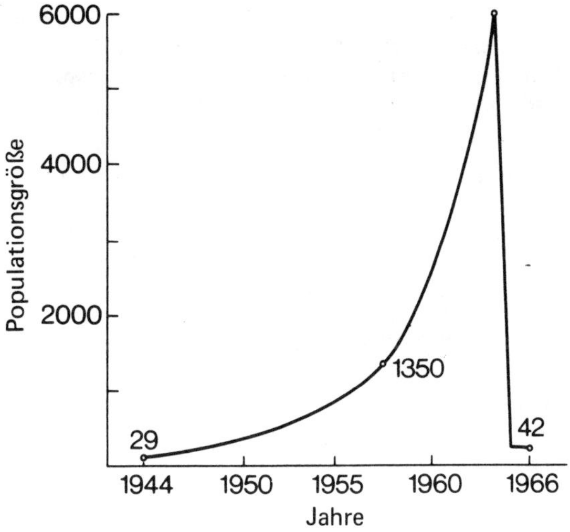

in Kanada. Der Schneehase ist eine der Hauptnahrungsquellen für den Luchs, und die Abbildung zeigt deutlich, wie die Population eines Räubers von der Dichte der Beutepopulation abhängt. Ein weiteres Beispiel für die Nahrungsabhängigkeit von Populationen sind die sprichwörtlichen Selbstmordwanderungen der Lemminge, die offenbar durch Nahrungsmangel im Heimatterritorium induziert werden.

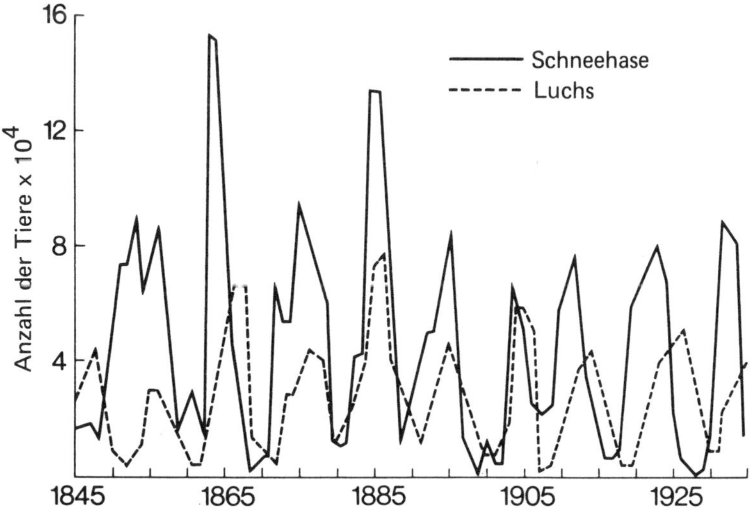

Abb. 5-6. Natürliche Fluktuationen in einer kanadischen Schneehasenpopulation und deren Einfluß auf die Population ihres Hauptfeindes, des Luchses. Die Abbildung stellt die Menge der jährlich von der Hudson Bay Company verkauften Felle dar. (Nach D. A. MacLulich. Univ. of Toronto Studies Biol. Ser. **43**, 1937)

Wenn wir nun aber so viele Beispiele für die Begrenzung von Populationen durch die Nahrung haben, was kann man dann noch für mögliche Sozial- und Verhaltensfaktoren als Kontrollmechanismen ins Feld führen? Wynne-Edwards gibt zahlreiche Beispiele von Vögeln an, bei denen das Territorialverhalten eine gut funktionierende Möglichkeit darstellt, das Populationswachstum dem vorhandenen Raum und damit auch der vorhandenen Nahrung anzupassen. Für die Art ist es ganz eindeutig vorteilhaft, wenn sie ihre Bevölkerungsdichte an eine zukünftige Nahrungsbegrenzung anpassen kann, als wenn ihre Bevölkerungszahl erst durch Hunger dezimiert wird. Die Evolution beruht auf einem Wettstreit, bei dem der Gewinner belohnt wird, und nicht auf einem Kampf um Lebensmöglichkeiten, bei dem alle unterliegen.

Vielleicht der beste Beweis dafür, daß andere als nur Nahrungsfaktoren die Größe einer Population bestimmen können, sind Laborversuche mit Ratten und Mäusen. Die Tiere wurden in einem begrenzten Raum mit unbegrenztem Nahrungsvorrat gehalten, eine Situation, in der auch wir uns bald befinden könnten. In dem ausgeklügeltsten Versuch dieser Art brachte Calhoun 5 Pärchen wilder Ratten in einen Raum von etwa 3000 m^2 mit freiem Zugang zu unbeschränkten Nahrungsmengen und untersuchte 2 Jahre lang ihr Verhalten. Nach dieser Zeit sollte die Populationsdichte theoretisch über 50000 Tiere betragen, es gab aber nur 171 Überlebende. Die Gründe dafür waren vielschichtig, sie resultierten aus einer völligen sozialen und verhaltensmäßigen Desorganisation der Tiere. Als Ergebnis eines abnormen mütterlichen Verhaltens überlebten nur wenige Junge. Schließlich vermehrten sich nur noch die ranghöchsten Tiere aus der Gruppe, und Calhoun beschrieb die Situation als »einen verhaltensmäßigen Niedergang, einen sich selbst stimulierenden Strudel destruktiver Verhaltensweisen und physiologischer Reaktionen, die das Populationswachstum begrenzten«. Eine ähnliche Situation entstand, wenn Mäuse unter derartigen Bedingungen gehalten wurden.

Sind wir überhaupt schon in der Lage, Voraussagen darüber zu machen, wie wir auf einen zunehmenden Bevölkerungsdruck reagieren würden? Haben wir angeborene, dichte-abhängige Mechanismen in uns, die wirksam werden, bevor die Situation zu bedrohlich wird?

Einige Anhaltspunkte haben wir über das Verhalten von Menschen unter extremer Überbevölkerung und Unterernährung aus Kriegsgefangenenlagern der Deutschen, Russen und Japaner im Zweiten Weltkrieg. Ganz allgemein kann gesagt werden, daß Frauen als Reaktion auf sozialen Streß schon dann in einen Zustand völliger Amenôrrhö (Aufhören der Monatsblutungen) verfallen, bevor die Folgen der Unterernährung sichtbar werden. Unterernährung selbst kann auch zu Amenorrhö führen, aber sie muß schon ganz erheblich sein, bevor die Fortpflanzungsfunktionen betroffen werden. Selbst die Welle der Drogensucht könnte eine Rolle für die Population spielen, weil die meisten Halluzinogene zu einer deutlichen Unterdrückung der Libido führen.

Wenn wir auch einen Funken Hoffnung aus der Kenntnis gewinnen mögen, daß es dichte-abhängige Faktoren gibt, die das Populationswachstum des Menschen regulieren können, so wirkt doch die Tatsache ernüchternd, daß sich die Menschen in den Slums der Städte und im Schmutz von Flüchtlingslagern immer noch viel zu stark vermehren. Die Umwelt muß schon extrem lebensfeindlich sein, bevor die Vermehrungsfunktionen des Menschen betroffen werden. Muß die Menschheit erst so tief sinken, bis dies als die einzige Möglichkeit bleibt, um die Bevölkerungsdichte zu kontrollieren ?

Soziale Probleme der Menschheit

Die Lektion, die man aus den Tierexperimenten lernen kann, scheint auf der Hand zu liegen; für das Überleben sind Raum und Nahrung gleichermaßen wichtig. Sollte der Mensch das nicht beachten? Sind die sozialen Störungen in unserer Gesellschaft bereits der Anfang eines verhaltensmäßigen Niederganges? Sicherlich könnten wir uns bessere Wege einer Bevölkerungskontrolle denken als den, der ins soziale Chaos führt. In der Zukunft werden wir mit ungeheuren sozialen Problemen konfrontiert sein. Viele Ökonomen sagen voraus, daß die reichen Nationen auf Kosten der Armen immer reicher werden, während die Armen dazu verdammt sind, immer noch ärmer zu werden. Schon jetzt ist das Pro-Kopf-Einkommen in den entwickelten Nationen 12mal höher als in den weniger entwickelten, am Ende dieses Jahrhunderts könnte es bereits 18mal höher sein. Es sind aber gerade die Entwicklungsländer, in denen die höchsten Wachstumsraten der Bevölkerung vorkommen (siehe Abb. 5-2). Fehlt eine Unterstützung von außen, dann führt ein stärkeres Bevölkerungswachstum zu einer immer größeren Nachfrage nach den vorhandenen Einkommen, damit eine Verschlechterung des Lebensstandards in der Zukunft vermieden wird. In einer Wohlstandsgesellschaft führen der ökonomische Druck und eine materialistische Einstellung zu kleinen Familien, wie es am Beispiel Schwedens deutlich wird (siehe Abb. 5-3). In einem von Armut geplagten, unterentwickelten Land gilt den Eltern eine große Kinderschar immer noch als beste Altersversicherung. Für die Politiker bedeutet eine hohe Bevölkerungszahl eine Möglichkeit, ihrem Land auf internationalem Parkett Gehör zu verschaffen. Es erscheint durchaus zweifelhaft, daß die Menschheit die aufziehenden rassischen und nationalen Spannungen überleben wird, wenn die Kluft zwischen Reichen und Habenichtsen weiterhin zunimmt.

Eine der vielen Eigenschaften, die den Menschen von den Tieren unterscheidet, ist sein Mitgefühl. Für die reichen Nationen sollte es eine ständige moralische Verpflichtung sein, den armen Nationen zu helfen. Solche Hilfe bringt selten so etwas wie Dankbarkeit mit sich oder eine Verminderung der internationalen Spannungen. Es ist anzunehmen, daß manche Arten von Hilfe, wie etwa Nahrungsmittellieferungen zur Abwendung einer Hungersnot oder medizinische Hilfe zur Kontrolle von Krankheiten, auf lange Sicht für die Empfängernation eher ungünstig sind. Wenn man nur an den Symptomen herumkuriert, kann man nicht auf eine wirkliche Lösung der Probleme hoffen. Der beste Weg, einer unterentwickelten Nation zu helfen, ist Erziehung und materielle Hilfe, die zu einer direkten Steigerung des Pro-Kopf-Einkommens führt. Wenn allerdings die Bevölkerung in exzessiver Weise wächst, ist dieses Ziel unerreichbar. Indien befindet sich in einer derartigen Situation, mit einer Bevölkerungszunahme von mehr als 50000 pro Tag trotz einer massiven, von der Regierung gesteuerten Kampagne zur Geburtenkontrolle. Da die indische Bevölkerung ein Siebentel der gesamten Erdbevölkerung ausmacht, ist die Erfolglosigkeit der vereinten Kräfte ökonomischer Notwendigkeiten, politischer Einsicht, technischer Möglichkeiten und öffentlicher Meinung eine bedeutende Niederlage im Kampf des Menschen um sein Überleben.

Wenn auch die Kontrolle über den Tod und der Kampf gegen den Hunger für den Spender emotional befriedigend ist und dem Empfänger unmittelbar hilft, so ist doch eine Hilfe in Form von Programmen zur Bevölkerungskontrolle viel weniger annehmbar, kann sie doch als legalisierter Genozid fehlinterpretiert werden, mit dessen Hilfe eine reiche Nation eine arme unterdrücken will. Um an einer Situation wie in Indien etwas ändern zu können, muß man alle verfügbaren Waffen ins Feld führen. Alle Möglichkeiten der Kontrazeption müssen frei verfügbar sein, auch mechanische und chemische Methoden, Sterilisation und Abtreibung. Manche dieser Techniken mögen aus moralischen oder religiösen Gründen für eine Gesellschaft unannehmbar sein. Es gibt nur wenige Beispiele für ein Programm zur Kontrolle des Bevölkerungswachstums, in dem alle verfügbaren Techniken erfolgreich angewendet werden. In Japan mit seinem ungeheuren Bevölkerungsdruck sind Abtreibungen legal, eine sonst weit verbreitete Methode zur Geburtenkontrolle, Intrauterinpessare und orale Kontrazeptiva, sind aber offiziell verboten.

Das empfehlenswerteste Modell einer nationalen Anstrengung zur Begrenzung des Bevölkerungszuwachses ist das kommunistische China. China ist mit besonders schwierigen Problemen konfrontiert, eine Bevölkerung von etwa 800 Millionen, von denen 85 % in ländlichen Regionen leben, und eine jährliche Zuwachsrate von etwa 2,5 %, was zu einer Verdoppelung der Bevölkerung in etwa 28 Jahren führt. Ein erster Versuch wurde 1956-58 gestartet, aber er war ein Fehlschlag. Die Botschaft gelangte nicht bis zu der relativ ungebildeten bäuerlichen Schicht, die traditionell großes Gewicht auf eine hohe Fertilität und viele männliche Nachkommen legte. Aber die Hungersnot von 1959-62 machte das Problem dringender als je zuvor. Und 1963-66 wurde eine neue Anstrengung unternommen. Obwohl die Malthus'schen Argumente für eine Bevölkerungskontrolle abgelehnt wurden, wurde die Familienplanung als ein wesentlicher Schritt für die völlige politische und ökonomische Emanzipation der Frau eingeführt, denn man hatte erkannt, daß ein erstes Ziel der Kampagne sein mußte, die einzelnen Ehepaare für die Frage zu interessieren.

Jetzt wird großer Wert darauf gelegt, das Heiratsalter heraufzusetzen, als Norm für Männer gilt 28-30 Jahre und für Frauen 25 Jahre, zu frühe Ehen werden nicht registriert. Um die Ansicht durchzusetzen, »zwei Kinder sind gerade richtig, drei sind zuviel und vier sind ein Fehler«, gibt es keine Kleiderzuteilung für ein drittes Kind. Familienplanung mittels »Pille« und Uterinpessaren ist in den Kommunen kostenlos, ebenso die Vasektomie bei Männern, die aber nicht sehr verbreitet ist. Abtreibungen werden bis zur 10. Woche mit der Vakuummethode durchgeführt, für Frauen, die arbeiten, sind sie kostenlos, andere müssen nur wenig (2 Yen) dafür zahlen. Zur weiten Verbreitung der Abtreibung hat sicherlich beigetragen, daß sie mit Hilfe der traditionellen Akupunktur und nicht unter Narkose ausgeführt wird. Die Abtreibung selbst wird nur als Notlösung für Fälle angesehen, in denen andere kontrazeptive Praktiken versagt haben, oder als eine Möglichkeit, uneheliche Kinder zu vermeiden.

Äußerst wichtig für den Erfolg dieser Massenkampagne sind die sogenannten »Barfußärzte«. Viele junge Leute werden nach einem 6monatigen Elementarkurs in Medizin und in chirurgischen und kontrazeptiven Techniken als Arbeiter in die Kommunen geschickt, wo sie ihre Botschaft und die Kontrazeptiva verbreiten. 1966 begann die Aktion Erfolge zu zeigen, die Wachstumsrate der Bevölkerung sank unter 2 % im Jahr. Dann setzte die Kulturrevolution ein. Millionen Mitglieder der Roten Garden marschierten durchs Land, die Geschlechter mischten sich, das Heiratsalter sank, und die Geburtsrate stieg wieder . Nach Wiederherstellung der Ordnung nahm der Verbrauch der »Pille» weiter zu, und man hat begründete Hoffnung, daß am Ende dieses Jahrhunderts die Wachstumsrate der Bevölkerung nur noch 1 % betragen wird. Die übrige Welt kann das nur bewundernd beobachten. Wenn das kommunistische China sein Bevölkerungswachstum nicht in den Griff bekäme, welche andere Nation könnte es dann wohl schaffen?

Motivation für kontrazeptive Praktiken

Je mehr man über das Bevölkerungsproblem nachdenkt, umso mehr wird klar, daß die Lösung nicht in staatlichen Verordnungen oder zukünftigen Entdeckungen liegt, sondern einzig und allein in der Motivation der einzelnen Menschen. Bis jetzt gehörte es zu den Freiheiten des Menschen, die Größe seiner Familie selbst bestimmen zu können. Wenn es aber nicht gelingt, diese Freiheit mit dem Sinn für die Gemeinschaft zu verbinden, dann wird sie den Menschen genommen werden. Gegenwärtig müssen aktive Schritte zur Verhinderung von Schwangerschaften unternommen werden, zuviele Kinder werden aus Versehen geboren. Medizinisch gesehen wäre es möglich, alle Mädchen gegen den luteotropen Stimulus des Embryos zu immunisieren. Das würde zu keiner Unterbrechung der Monatsblutungen führen, würde aber auf endokrinem Wege eine Schwangerschaft verhindern. Eine Schwangerschaft wäre erst nach einer Progesterontherapie wieder möglich. So könnten ungewollte Geburten verhindert werden, ohne die Möglichkeit zu nehmen, ein Kind nach Wunsch zu bekommen. Wenn alle Kinder, die geboren würden, Wunschkinder wären, dann gäbe es in den Industrieländern kein Bevölkerungsproblem.

Weil wir schon geeignete Methoden zur Geburtenkontrolle besitzen und nicht mehr viel Zeit zur Entwicklung neuer Methoden haben, müssen wir uns darum kümmern, welche Gründe die Menschen für ihre persönliche Familienplanung haben. Wenn die Vorzüge einer Begrenzung der Bevölkerungszahl nicht jedermann einsichtig gemacht werden können, dann kann das Problem nicht gelöst werden. Diejenigen, die darüber entscheiden werden, ob die Menschheit den Schritt ins nächste Jahrhundert vertrauensvoll tun kann, sind bereits geboren, und sie müssen beeinflußt werden.

In der Vergangenheit waren Eltern sicherlich nicht in dem Maße von der Anzahl ihrer Kinder betroffen wie heute, wenige erreichten das fortpflanzungsfähige Alter, und die Frau hatte ohnehin kaum einen Einfluß auf die Dinge. Als sich aber der soziale Status der Frau zu bessern begann und die Kindersterblichkeit sank, wurde eine große Familie zu einer finanziellen Belastung, und die Frauen drängten auf Geburtenkontrolle. Das wurde allerdings auf das schärfste von Staat, Rechtsprechung und Kirche abgelehnt, die alle von Männern dominiert sind; erst jetzt wird diese Opposition langsam abgebaut. Kirchliche und weltliche Gesetze waren alle auf die Unantastbarkeit der Ehe ausgerichtet, die für das psychische Wohlergehen des Kindes während seiner langen Abhängigkeit von den Eltern notwendig ist. Wenn auch vorehelicher Geschlechtsverkehr in vielen Staaten weitverbreitet ist, so ist doch eine Promiskuität, die zu unehelichen Kindern führt, fast überall stark verpönt. Offenbar sind besonders zwei Dinge für die soziale Entwicklung des Menschen von Bedeutung gewesen, die Unterdrückung äußerer Zeichen des Östrus bei der Frau und eine strenge Kontrolle des Sexualverhaltens.

In der westlichen Welt verlangt der einzelne immer mehr Freiheit für sich. Kirche und Staat verlieren immer mehr von ihren früheren Kontrollfunktionen im Bereich der Sexualmoral. Wenn die Sexualität eine reine Privatsache wäre, dann wäre das nur gut; aber das Sexualverhalten des einzelnen hat immer auch Rückwirkungen auf andere. Man wird allerdings von dem unguten Gefühl beschlichen, daß, wenn man der Moral freien Lauf läßt, sie von dem kleinsten gemeinsamen Nenner bestimmt wird. Die Situation wird durch die immer früher einsetzende Pubertät verbunden mit einem erhöhten Heiratsalter nicht eben leichter. Was soll jemand mit seiner neu gewonnen sexuellen Freiheit in der Zwischenzeit anfangen? Hat die Pornographie auf diejenigen, von denen die Gesellschaft ein Leben ohne Ehe verlangt, einen verderblichen Einfluß, oder sind Pornographie und Homosexualität nicht etwa Möglichkeiten zum Abreagieren des Sexualtriebes? Wenn wir kirchliche und staatliche Kontrollen ganz abschaffen, dann laufen wir Gefahr, ein Kulturerbe zu verlieren, das in Jahrtausenden entstanden ist und das uns zu dem gemacht hat, was wir heute sind.

Die Christliche Kirche hat sich mit der Sexualität immer schwer getan; Dylan Thomas hat ihre Haltung treffend mit den Worten zusammengefaßt: »Du darfst nicht, in großen Buchstaben an die Wand geschrieben«. In der Ehe galt die Sexualität als notwendige Übung zur pflichtgemäßen Zeugung von Kindern, das wird noch heute im Hochzeitsgottesdienst der Englischen Kirche deutlich. Außerehelicher Geschlechtsverkehr galt als sündhaft. Diese Haltung wurde durch die soziale Haltung noch gesteigert , das zeigte sich deutlich an der Ächtung einer ledigen Mutter. Zweifellos resultiert ein Teil der kirchlichen Opposition gegen liberale Praktiken der Geburtenkontrolle aus der Befürchtung, Kontrazeptiva würden, indem sie die Angst vor ungewollten Folgen nähmen, den außerehelichen Geschlechtsverkehr begünstigen; ohne Zweifel kann die Moral ohne Strafe nicht durchgesetzt werden. Es wäre dumm, wollte man das Zwingende dieses Argumentes nicht sehen, wenn man uns auch weismachen möchte, daß diejenigen, die den vorehelichen Geschlechtsverkehr wollen, sich davon auch nicht abhalten lassen, und daß man lediglich eine weitere ungeplante und unnötige Schwangerschaft verhindert, wenn man sie mit Kontrazeptiva versorgt. Malthus hat deutlich die Kraft »der Leidenschaft zwischen den Geschlechtern« erkannt und plädierte für späte Heirat und in der Ehe für Enthaltsamkeit statt Kontrazeption. Papst Paul VI. sagt in seiner berühmten Enzyklika von 1968 über die Geburtenregelung *Humanae vitae* zu recht:

> »Es braucht nicht viel Erfahrung, um die menschliche Schwachheit zu kennen und zu begreifen, daß der Mensch – vor allem der junge Mensch, der in diesem Punkt besonders verwundbar ist – ein Wort der Ermutigung und des Ansporns braucht, um dem Sittengesetz die Treue zu halten, und es darf ihm keinesfalls irgendeine leichte Handhabe gegeben werden, seine Beobachtung zu umgehen.«

Die freie Verfügbarkeit der Kontrazeption hat zu zwei Arten des Geschlechtsverkehrs geführt. Die eine dient der Befriedigung der »sündigen Fleischeslust«, also dem reinen Vergnügen. Außerhalb der Ehe zieht sie keinerlei Verpflichtung der Geschlechtspartner füreinander nach sich. Der Geschlechtsverkehr zum Zwecke der Zeugung ist in aller Regel auf die Ehe beschränkt, und wenn uns auch im Zölibat lebende Theologen einreden wollen, daß selbst in der Ehe den beiden Arten des Geschlechtsverkehrs eine unterschiedliche Wertung zukommt, so entspricht das nicht der persönlichen Erfahrung. Dennoch kann man den Wunsch der Kirche, die Institution Ehe zu erhalten, durchaus verstehen, ist die Ehe doch für ein geordnetes Aufwachsen der Kinder im Schoße der Familie unverzichtbar.

Um das moralische Argument für die Heiligkeit der Ehe zu bekräftigen, hat die katholische Kirche einen kompromißlosen Standpunkt gegen alle Formen der künstlichen Kontrazeption bezogen. Weil sie die einzige der großen Weltreligionen ist, die das tut, und weil sie damit zumindestens theoretisch die Sexualpraktiken von 584 Millionen Menschen, das sind mehr als ein Zehntel der Weltbevölkerung, beeinflußt, müssen wir die Ansicht der katholischen Kirche hier genauer untersuchen. In *Humanae vitae* gibt Papst Paul den Regierungen folgenden Rat zum Problem der Bevölkerungsexplosion:

> »Ein ganz anderer Weg ist es, auf dem die staatlichen Behörden zur Lösung des Bevölkerungsproblems beitragen sollen und müssen: es ist der Weg einer vorausschauenden Familienpolitik, einer weitblickenden Erziehung des Volkes, die das Sittengesetz und die Freiheit der Bürger achtet.«

Wie dieser Rat in ein praktisches Bevölkerungsprogramm für ein katholisches Land wie etwa Südamerika (siehe Abb. 5-7) umgesetzt werden kann, weiß offenbar nur Papst Paul.

Die Vorschriften des Papstes, wie man das Problem der Geburtenkontrolle angehen soll, sind noch obskurer. Einerseits stellt er fest:

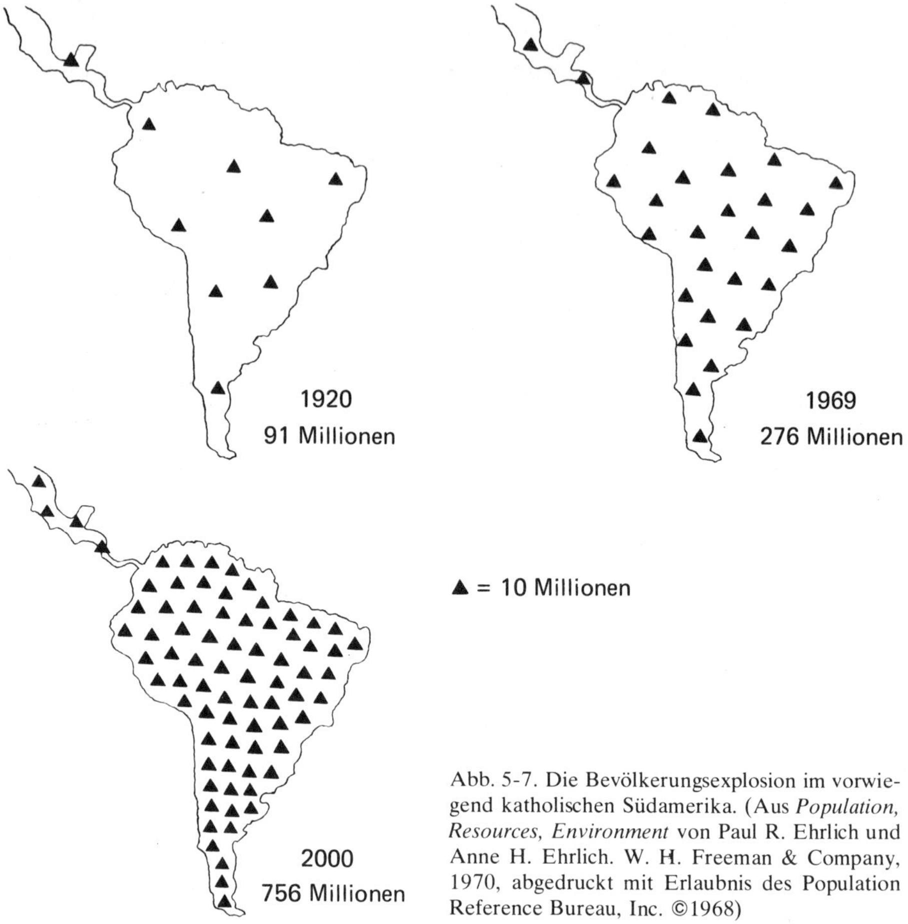

Abb. 5-7. Die Bevölkerungsexplosion im vorwiegend katholischen Südamerika. (Aus *Population, Resources, Environment* von Paul R. Ehrlich und Anne H. Ehrlich. W. H. Freeman & Company, 1970, abgedruckt mit Erlaubnis des Population Reference Bureau, Inc. ©1968)

»Bei der Aufgabe, das Leben weiterzugeben, haben die Eheleute daher nicht die Freiheit, nach eigenem Gutdünken vorzugehen, als ob sie in ganz eigenständiger Weise die zu beschreitenden, sittlich erlaubten Wege festlegen könnten,«

was letztlich besagt, daß jeder Versuch, eine Elternschaft zu planen, gegen das Moralgesetz verstößt. Er sagt aber auch:

»Im Hinblick auf die physischen, wirtschaftlichen, psychologischen und sozialen Verhältnisse wird verantwortungsvolle Elternschaft sowohl in dem abgewogenen und großherzigen Entschluß ausgeübt, eine kinderreiche Familie aufzuziehen, als auch in der aus schwerwiegenden Motiven und unter Beobachtung des Sittengesetzes getroffenen Entscheidung, zeitweise oder auf unbegrenzte Zeit die Geburt weiterer Kinder zu vermeiden.«

Jenen, die aus Verantwortungsgefühl heraus keine Kinder mehr haben wollen, wird eine Kontrazeption mit folgenden Worten verweigert:

»...die direkte Unterbrechung des bereits eingeleiteten Zeugungsvorganges und vor allem die direkt gewollte und herbeigeführte Schwangerschaftsunterbrechung, auch wenn sie aus therapeutischen Gründen geschieht, als erlaubte Wege der Geburtenregelung absolut auszuschließen sind. Gleichermaßen ist, wie es das Lehramt schon wiederholt erklärt hat, die direkte, dauernde oder zeitweilig begrenzte Sterilisation des Mannes wie der Frau auszuschließen; außerdem ist auch jede Handlung auszuschließen, die sich entweder in Voraussicht oder während des Vollzuges des ehelichen Aktes oder darauf folgend beim Ablauf seiner natürlichen Auswirkungen die Verhinderung der Fortpflanzung zum Ziel oder Mittel zum Ziel setzt.«

Solch eine umfassende Feststellung scheint jede möglich Kontrazeption auszuschließen. Eine Ausnahme wird allerdings in dem Fall gemacht, daß der Geschlechtsverkehr auf die »sicheren Perioden« beschränkt wird, dann

»...ist es nach kirchlicher Lehre erlaubt, sich für den Gebrauch der Ehe in den unfruchtbaren Perioden an die natürliche, den Zeugungsfunktionen innewohnende Gesetzmäßigkeit zu halten und so eine Geburtenregelung vorzunehmen;..«

Die Rechtfertigung für die Rhythmus-Methode ist, daß sie von der Natur vorgesehen und somit inhärent gut ist. Koitus interruptus ist offenbar unnatürlicher als das Zölibat des Klerus! Die Vorstellung ist geradezu lächerlich, daß Dinge, die sich der Mensch ausgedacht hat, unbedingt böse sein sollten. Die Kontrolle über den Tod mittels Verhinderung von Krankheit ist unnatürlich, aber doch offenbar erstrebenswert. Warum sollte man das nicht auch von der Geburtenkontrolle sagen können, die eine logische Folge aus dem Bestreben nach einer Kontrolle des Todes ist?

Gefahren der Rhythmus-Methode

Diejenigen Katholiken, die getreu der päpstlichen Enzyklika dic Rhythmus-Mcthode der Kontrazeption wählen, sind mit einem wirklichen Problem konfrontiert. Die Abb. 5-8 zeigt die durchschnittlichen Zykluslängen des Menschen mit den zugehörigen Standardabweichungen vom Beginn der Menstruation, der Menarche (12–13 Jahre) bis zu ihrem Ende, der Menopause (45–50 Jahrc). Man sieht, daß die größte Variabilität in der Zykluslänge zu Beginn und zum Ende der fortpflanzungsfähigen Periode auftritt. Dies sind also die Zeiten, in denen die Rhythmus-Methode am unsichersten ist und in denen die längsten Abstinenzperioden nötig sind. Praktisch bedeutet das, daß verheiratete Frauen unter 20 Jahren, die erst später ein Kind haben wollen, das mit großer Wahrscheinlichkeit nicht erreichen werden.

Zwischen 20 und 40 Jahren sind die Menstruationszyklen gleichmäßiger mit Abweichungen von etwa 3 Tagen, damit wird die Rhythmus-Methode sicherer. In zwei Dritteln der Fälle können die Zyklen allerdings bis zu 6 Tagen schwanken, und in einem Drittel kann die Schwankung noch größer sein. Frauen und ihre

Ärzte nehmen meist an, alle normalen Zyklen seien völlig regelmäßig, und haben Schwierigkeiten sich vorzustellen, daß derartige Schwankungen vorkommen. Die Tatsache, daß ein abnorm kurzer oder langer Zyklus irgendwann auftreten kann, bedeutet, daß eine Frau niemals völlig frei vom Risiko einer Schwangerschaft ist, wenn sie sich auf die »sichere« Periode verläßt. Selbst wenn sie sich an das Ogino'sche Schema hält, besteht in jedem Jahr ein Risiko von 1:10, schwanger zu werden. Ogino hat vorgeschlagen, die Frau solle, erst nachdem sie ein Jahr lang ihre Zyklen zeitlich registriert hat, ihre sichere Periode bestimmen. Nach Abzug von 18 Tagen von der kürzesten Periode und von 11 Tagen von der längsten können die ersten und letzten Tage der unsicheren Periode angegeben werden. Nehmen wir an, die Zyklen würden zwischen 27 und 35 Tagen schwanken, dann liegt die unsichere Periode zwischen dem 9. und dem 24. Tag.

Die Abb. 5-8 zeigt sehr deutlich, daß die Variabilität der Zyklen in den letzten 4 Jahren vor der Menopause besonders extrem ist. Die Rhythmus-Methode ist hier nahezu unbrauchbar, besonders wenn sie auf den Erfahrungen der vorhergehenden Jahre beruht. Das führt dazu, daß dies die Zeit mit dem größten Schwangerschaftsrisiko ist. Es ist aber auch gleichzeitig der Lebensabschnitt, in dem eine Schwangerschaft sozial am wenigsten vertretbar und medizinisch am wenigsten erwünscht ist. Das Risiko, ein mißgebildetes Kind, etwa eines mit Mongolismus

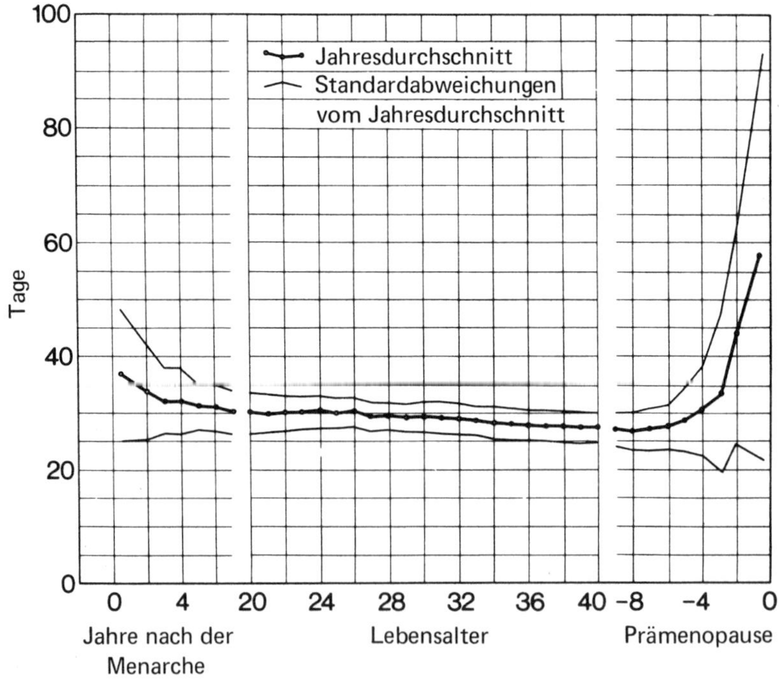

Abb. 5-8. Durchschnittliche Dauer des Menstruationszyklus im reproduktiven Alter der Frau mit den Standardabweichungen. (Nach A. E. Treloar *et al., Internat. J. Fert.* **12**, 77. Abb. 9, 1967)

(siehe Band 2, Kap. 5) zu gebären, ist am höchsten, und das Risiko für die Mutter hat ebenfalls erheblich zugenommen. Diese Fakten allein reichen für denjenigen zur Ablehnung der Rhythmus-Methode völlig aus, für den das Wohlergehen von Mutter und Kind von einiger Bedeutung ist.

Über die Notwendigkeit, die Einstellung der Öffentlichkeit zur Geburtenkontrolle zu ändern

Glücklicherweise haben viele einsichtige Katholiken die päpstliche Lehrmeinung über die Geburtenkontrolle verworfen, und einige haben sogar eine sehr liberale Einstellung auch zum umstrittenen Problem der Abtreibung, wie aus Abb. 5-9 ersichtlich. Offenbar bestimmen religiöse Glaubenssätze die Sexualmoral der Menschen weniger, als man vielleicht annehmen könnte. In der Irischen Republik etwa, einem streng katholischen Land, wo Import und Verkauf von allen Kontrazeptiva illegal ist, liegt die Wachstumsrate der Bevölkerung bei nur 0,4 % und gehört damit zu den niedrigsten in ganz Europa.

Die Geschichte aller religiösen Einstellungen zur Sexualität ist sehr wechselvoll, und das gilt auch für den Katholizismus. Unsere Kirchen machen eher den Eindruck von Antiquitätenläden, in denen die Waren von gestern verkauft werden, statt daß sie für die Zukunft planen. Leider bekommen wir von unseren Kirchenfürsten keine sinnvollen Anregungen zur Lösung des Bevölkerungspro-

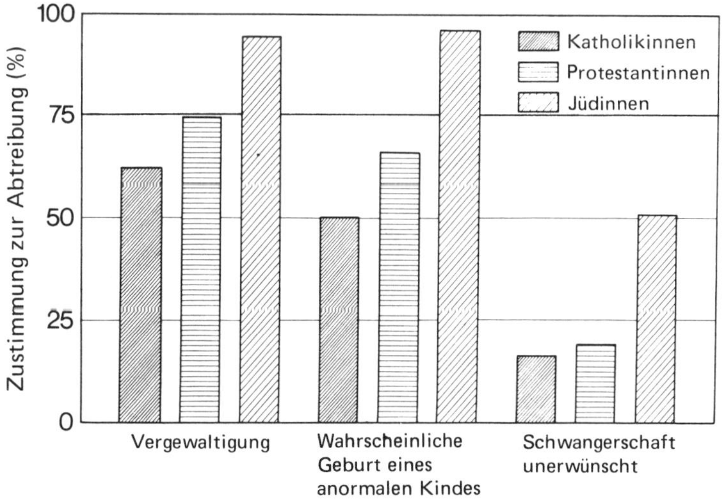

Abb. 5-9. Das Histogramm zeigt den Prozentsatz U.S.-amerikanischer Katholikinnen, Protestantinnen und Jüdinnen, die einer Abtreibung unter folgenden Umständen zustimmen würden: Vergewaltigung, wahrscheinliche Geburt eines anormalen Kindes, oder einfach weil die Schwangerschaft unerwünscht ist. (Nach C. Tietze and S. Lewit, ›Abortion‹, *Sci. Amer.* **220**, 21, Jan. Copyright © 1969 von Scientic American, Inc. Alle Rechte vorbehalten)

blems. Die Moralvorstellungen von gestern helfen nicht bei der Behebung gegenwärtiger Probleme.

Die Regierungen können erheblich dazu beitragen, die Menschen mit der Notwendigkeit einer Familienplanung vertraut zu machen. Eine klare Bevölkerungspolitik wäre der erste Schritt. Aber offenbar fürchten die Politiker mögliche politische Rückwirkungen derart, daß bisher keine westliche Nation den Mut gefunden hat, dieses Problem anzugehen.

Die britische Regierung hat eine Kommission eingesetzt, die 1971 feststellte: »Die Regierung muß handeln um zu verhindern, daß die Folgen des Bevölkerungswachstums für die Lebensbedingungen unerträglich werden«. Aber die Regierung beschloß nicht zu handeln, stattdessen setzte sie eine Expertenkommission ein, die das Problem erneut untersuchen sollte mit der Begründung: »Die Frage, ob die Regierung Bevölkerungspolitik machen soll oder nicht, ist komplex und kontrovers. Die Ansichten darüber, welche Folgen das gegenwärtige und das für die Zukunft voraussehbare Bevölkerungswachstum für die Lebensbedingungen haben, sind unterschiedlich«. In der Zwischenzeit *erhöhte* die Regierung im Haushalt 1971 die Steuerermäßigungen und Zuschüsse für große Familien. Aber der Trend kehrt sich um, das Gesetz über die Legalisierung der Abtreibung aus dem Jahre 1967 wird als ein bemerkenswerter Beitrag zur Sozialreform in die Geschichte eingehen. In dieser Hinsicht hinken die Vereinigten Staaten immer noch hinterher. In seinem Gesetz zur Familienplanung und Bevölkerungsforschung von 1970 erklärt der Kongreß, daß »keine unter diesem Titel bereitgestellten Gelder für Programme zu verwenden sind, bei denen die Abtreibung als Methode der Familienplanung angewendet wird«.

Weltweit ist die Abtreibung immer noch die verbreitetste Methode der Geburtenkontrolle, wenn auch ihr relativer Anteil vom sozioökonomischen und kulturellen Status des entsprechenden Landes abhängt (siehe Abb. 5-10). Dennoch gibt es nur wenige Themen, die, selbst bei Geburtshelfern, die es doch eigentlich besser wissen müßten, so viele irrationale Ressentiments hervorrufen. Die krimi-

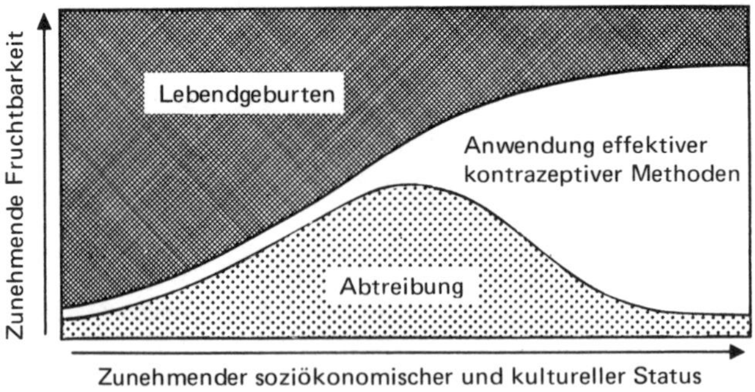

Abb. 5-10. Der relative Anteil von Abtreibungen und anderen kontrazeptiven Methoden bei der Familienplanung in Abhängigkeit vom sozioökonomischen und kulturellen Status der jeweiligen Gesellschaft. (Nach M. Requena. In: *Fertility and Family Planning: A World Review*, S. 478. Ed. S. J. Behrman, L. Corsa and R. Freedman. Univ. Michigan Press, 1961)

nelle Abtreibung mit all ihren üblen Begleiterscheinungen ist auf der ganzen Welt so weit verbreitet, daß wir die Augen davor einfach nicht verschließen können. Es ist schon nahezu kriminell, diesen unglücklichen Frauen die ärztliche Hilfe zu verweigern. Tut man das dennoch aus irgendwelchen persönlichen Moralerwägungen heraus, stellt man sich der Menschlichkeit in den Weg.

Natürlich kann eine einzelne kontrazeptive Technik das Problem nicht lösen. Je größer die Wahlmöglichkeit ist, desto einfacher ist es für den einzelnen, die ihm gemäße Methode anzuwenden. Die Kontrazeption zu illegalisieren, ist ein Verbrechen an der Menschheit. Kontrazeption und die Kenntnis über ihre Anwendung müssen bereits vorhanden sein, *bevor* sie benötigt werden; und das ist kein leicht zu lösendes Problem. Viele Menschen sind viel zu schüchtern, um sich öffentlich über Dinge beraten zu lassen, die sie als die privatesten und persönlichsten in ihrem Leben ansehen. Wenn Werbung für Kondome vornehmlich in verschmutzten öffentlichen Toiletten und in Seitenstraßen gelegenen Frisörläden gemacht wird, dann bestärkt das manche immer wieder neu in der Vorstellung, die Geburtenregelung sei eine schmutzige Angelegenheit, die eher etwas für sexuelle Abenteurer ist. Solange das gilt, können wir der Jugend ihrer Unwissenheit und Unvorsichtigkeit wegen keine Vorwürfe machen.

Wie können wir mit dem Bevölkerungsproblem fertig werden?

Wenn auch widrige soziale Bedingungen ein rasches Absinken der Geburtenziffern bereits vor der Einführung kontrazeptiver Methoden herbeigeführt haben, so sind in Zukunft Programme zur Geburtenkontrolle ohne die Mitwirkung der Regierungen nicht mehr möglich. Es wird wohl noch einige Zeit vergehen, bevor Länder wie Europa, Afrika und die beiden Amerika den Mut haben werden, den Beispielen Indiens, Chinas, Japans und anderer asiatischer Nationen zu folgen, wenn auch die öffentliche Meinung einen beschleunigenden Einfluß haben könnte. Wenn die britische Regierung eine freie Familienplanung im Rahmen der öffentlichen Gesundheitsfürsorge ermöglichen würde, dann hätte das eine erhebliche Auswirkung auf das Bevölkerungswachstum auf den übervölkerten Britischen Inseln. Die Tatsache, daß sich die Weltgesundheitsorganisation zunehmend mit dem Bevölkerungsproblem befaßt, trägt erheblich dazu bei, diesem Problem die notwendige politische Bedeutung zu geben. Es ist merkwürdig, daß in einer Zeit, in der so viele Menschen das Problem der Umweltverschmutzung und des Naturschutzes erkannt haben, nur so wenige den logischen Gedanken vollziehen, daß es letztendlich die menschliche Bevölkerung ist, die kontrolliert werden muß.

Für den Wissenschaftler, der sich mit Problemen der Fortpflanzung beschäftigt, ist das Bevölkerungsproblem eine besondere Herausforderung. Optimisten mögen hoffen, daß noch wirkungsvollere Methoden der Kontrazeption entdeckt werden. Es ist aber realistischer, in dieser Sache Pessimist zu sein. Die äußerst strengen Auflagen, die erfüllt sein mussen, bevor ein neues Medikament auf den

Markt kommen kann, und die Zeit, die für chronische Toxizitätsuntersuchungen notwendig ist, führten dazu, daß 12–15 Jahre zwischen der Entdeckung und der klinischen Anwendung einer Substanz vergehen. Viele pharmazeutische Firmen werden verständlicherweise durch die Kosten, die eine solche Neuentwicklung macht, verschreckt. Es ist also ganz sicher aussichtsreicher, sich der Verbesserung der bereits existierenden medizinischen, chirurgischen und mechanischen Kontrazeptionsmethoden zu widmen. Derartige angewandte Forschung bringt natürlich nur geringes wissenschaftliches Prestige ein und wird wohl auch nicht mit dem Nobelpreis belohnt. Dennoch kann man sich kaum ein Forschungsprojekt denken, das für die nächste Zukunft wichtiger wäre.

Dem Sozialwissenschaftler wird in der Zukunft eine Schlüsselrolle zukommen. Die Gesellschaft benötigt dringend Hilfe bei der Entwicklung neuer Sexualnormen. Wir benötigen auch ein westliches Äquivalent für den Barfußarzt, der die Menschen mit kontrazeptiven Techniken und mit der Notwendigkeit einer Geburtenkontrolle bekanntmacht. Der Mediziner westlichen Typs kann dieses Problem nicht lösen, es gibt nicht annähernd genug Ärzte dafür.

Eine Gefahr ist, daß die »Bevölkerungsexplosion« ihrer großen Popularität wegen zum Schlagwort wird. Das öffentliche Interesse ermüdet schnell, wenn eine Botschaft zu oft wiederholt wird, und wendet sich dann neuen Modethemen zu. Hier und da hört man bereits das Argument: »Warum sollen wir Europäer uns eigentlich aufregen? Unser Bevölkerungszuwachs ist der niedrigste auf der Welt, und außerdem haben wir auch noch keine allzu große Überbevölkerung «. Im Hinblick auf die Anforderungen an die Umwelt entsprechen einer Geburt in Europa 10 oder 20 in Asien oder Afrika. In den Vereinigten Staaten leben 6 % der Weltbevölkerung, die aber bereits 40 % der gesamten Rohstoffe der Erde verbrauchen. Wenn wir also ein Desaster verhindern wollen, dann müssen wir mehr Gemeinsinn entwickeln, und das nicht nur bis zum Ende dieses Jahrhunderts, sondern für alle Zeiten.

Ich habe versucht, nicht als ein weiterer Prophet eines schicksalhaften und unausweichlichen Weltunterganges zu erscheinen. Aber ein kurzer Blick auf die Abb. 5-1 und 5-2 genügt für die Feststellung, daß ein Weiterwachsen der Erdbevölkerung im heutigen Tempo, das heißt eine Verdoppelung der Erdbevölkerung alle 35 Jahre, unausweichlich dazu führen muß, daß das Leben nicht nur unerträglich, sondern unmöglich wird. Aber wir wollen optimistisch sein und annehmen, daß wir zu intelligent sind, um eine derartige Situation entstehen zu lassen. Irgendwann werden wir unsere Bevölkerungsdichte den verfügbaren Rohstoffquellen anpassen. Aber wann und wie soll das geschehen? Bis jetzt sind alle Bestrebungen in dieser Richtung ohne viel Erfolg geblieben, trotz der weithin bekannten Gefahr und trotz der Meinung, man müsse das Problem irgendwie lösen. Wir können den Fortschritt auf dieser Erde nicht mehr lange aufrechterhalten, wenn die Zurückgebliebenen immer nur »Vorwärts« und die Vorderen immer nur »Zurück« rufen.

Ergänzende Literatur

The Sanctity of Life and the Criminal Law. L. Glanville Williams. London; Faber & Faber (1958).

Population explosion, the standard of living and social conflict. J. E. Meade. *Economic Journal* **77**, 233-55 (1967).

The Regulation of Birth. Encyclical Letter of Pope Paul VI. ›Humanae Vitae‹. London; Catholic Truth Soc (1968).

Population and History. E. A. Wrigley. London; Weidenfeld & Nicolson (1969).

Science, Conflict and Society. San Francisco; W. H. Freeman (1969).

Population, Resources, Environment. P. R. Ehrlich and A. H. Ehrlich. San Francisco; W. H. Freeman (1970).

Birth control after 1984. C. Djerassi. *Science, N. Y.* **169**, 941-51 (1970).

Biosocial aspects of human fertility. Ed. A. S. Parkes. *Journal of Biosocial Science*, Supplement No. 3 (1971).

Population and Family Planning in the People's Republic of China. The Victor-Bostrom Fund and the Population Crisis Committee, Washington D.C., U.S.A. (1971).

Family Planning in Five Continents. London; International Planned Parenthood Federation (1971).

A blueprint for survival. *The Ecologist,* **2**, 1-43 (1972).

The Limits to Growth. D. H. Meadows, D. L. Meadows, J. Randers and W. W. Behrens. London; Earth Island (1972).

6 Ethische Probleme bei der Manipulation der menschlichen Fortpflanzung

C. R. Austin

Die moralischen Fragen, die sich bei der Manipulation der menschlichen Fruchtbarkeit und Entwicklung ergeben, finden immer größeres öffentliches Interesse und haben viele Debatten und Kontroversen heraufbeschworen. Das ist nicht verwunderlich, denn verschiedene Aspekte der menschlichen Fortpflanzung sind mit tiefen Emotionen verbunden und haben von jeher einen bestimmenden Einfluß auf Traditionen, religiöse Vorstellungen und Verhaltensmuster gehabt.

Die Biologen wissen schon lange, daß viele menschliche Aktivitäten von angeborenen und nicht erlernten, instinktiven Kräften bestimmt werden, die auf die Befriedigung unserer elementarsten Bedürfnisse gerichtet sind, wobei die Fortpflanzung eines dieser Elementarbedürfnisse ist. Selbsterhaltung und Fortpflanzung dienen vor allem dem Einzelindividuum. Viele Tierarten leben aber in Gruppen oder Sozialverbänden, die Schutz gegen Feinde bieten, die Eroberung von Lebensräumen erleichtern und den Fortpflanzungserfolg sichern. Das Verhalten von Individuen in Verbänden muß so abgeändert sein, daß Konflikte zwischen den Gruppenmitgliedern auf ein Minimum beschränkt bleiben. Die sozialen Anpassungen, die sich in der menschlichen Gesellschaft entwickelt haben, sind die Sitten und Gebräuche, die vor allem durch Tradition und Vorschriften weitergegeben werden. Das Einhalten der Sitten und Gebräuche wird durch das Lob der Gruppe gefördert, während das Nichteinhalten durch Strafe unterdrückt wird. Mit zunehmender Kulturhöhe müssen die erwünschten und unerwünschten Äußerungen des Sozialverhaltens immer präziser definiert werden, und das geschieht mittels der Gesetzgebung. Die Organisation des Sozialverbandes wird somit durch Instinkt, Sitten und Gebräuche sowie durch Gesetze aufrechterhalten; diese einzelnen Faktoren haben in verschiedenen Gesellschaften und zu verschiedenen Zeiten ganz unterschiedliche Bedeutungen. Die Moralphilosophie oder Ethik versucht, eine Zusammenschau der verschiedenen Ideen und Wertvorstellungen zu geben.

Die Ethik basiert auf der Definition der Begriffe »gut« und »böse«. In aller Regel wird das als »gut« bezeichnet, was das Gefühl von »Glück« (oder auch »Freude«, »Gemütsruhe«, »Heiterkeit «, »Ruhe« etc.) vermittelt, »böse« ruft die gegenteiligen Empfindungen hervor. Diese simple Kategorisierung entspricht ganz der emotionalen Empfindung, die man bei Erfüllung oder Nichterfüllung instinktiver Bedürfnisse hat, somit reicht die Parallele zwischen Ethik und Verhaltenspsychologie bis in den sozialen Bereich hinein. Moralische Beurteilungen von Handlungen im Sozialbereich, die einigen Menschen Vorteile bringen, werden immer daran gemessen, ob sie etwa Nachteile für die Allgemeinheit haben, und es wird mehr formal eine entsprechende Abänderung des Verhaltens des einzelnen im Sinne der Gemeinschaft gefordert. Die Allgemeingültigkeit dieser Grundhaltungen wird an Traditionen und Sprachgebrauch auch der primitivsten Völker deutlich, die immer eindeutige Kategorien von Gut und Böse erkennen lassen. Somit haben die Prinzipien der Moral letztlich den gleichen Ursprung, ob sie sich nun in Verhaltensnormen, in Traditionen, in philosophischen Analysen oder in religiösen Vorschriften ausdrücken. Bei der moralischen Beurteilung spezifischer Sachverhalte gibt es natürlich viele Unterschiede, und das war wohl nie deutlicher als bei der Diskussion über die Beeinflussung der menschlichen Fortpflanzung.

Sitten und Gebräuche

In nahezu jeder sozialen Gruppe ist die Fruchtbarkeit des Einzelindividuums von allgemeiner Bedeutung. Jedes neue Mitglied verstärkt die Gruppe, und das kann bei Rivalitäten zwischen benachbarten Gruppen von entscheidender Bedeutung sein. Eine Steigerung der Fertilität ist deshalb ein althergebrachter Kult und in den Bräuchen der verschiedensten Rassen verankert. Sie erscheint in heidnischen Fruchtbarkeitsriten und findet in den Religionen ihren Ausdruck, wie etwa in dem Bibelwort »Seid fruchtbar und mehret euch«, das von Juden und Christen gleichermaßen befolgt wurde. Eine ganz natürliche Folge davon ist, daß gegen eine willentliche Beschränkung der Fruchtbarkeit eine weitverbreitete, in Traditionen verankerte Ablehnung besteht.

Dennoch ist in keiner menschlichen Gesellschaft die Fruchtbarkeit völlig unbeschränkt geduldet worden. Schon in früheren Zeiten war die Zeugung von Kindern durch naheverwandte Menschen oder durch solche, die nicht nach den Riten des Stammes verheiratet waren, verboten. Das Inzestverbot mag durch die Zunahme mißgebildeter Kinder aus Verwandtenehen zustande gekommen sein; da aber diese Zunahme sehr gering ist, könnte der Sinn dieses Verbotes auch darin gelegen haben, durch Förderung von Ehen zwischen nichtverwandten Partnern die Konflikte in der Gruppe zu verringern. Die Ablehnung unehelicher Kinder ist ebenfalls sozial begründet. Für die geordnete Weitergabe des persönlichen Besitzes von Generation zu Generation sind eindeutige Verwandtschaftsverhältnisse notwendig, die wieder zu einer Stabilisierung und Integrierung der Gruppe beitragen. Vorehelicher Geschlechtsverkehr wird traditionell bei vielen Völkerstämmen toleriert, besonders wenn er dazu dient, Sexualerfahrung zu sammeln. Allerdings sollen keinesfalls Kinder aus solchen Verbindungen hervorgehen, denn sie gefährden die Stabilität der Gruppe. Kinder aus inzestösen oder außerehelichen Verbindungen haben oft keinen normalen familiären Status. Abgesehen von den Schwierigkeiten, die sich bei der Frage nach der Verantwortung für ein solches Kind ergeben, scheint man schon immer gewußt zu haben, daß das Verhalten des einzelnen in der Gruppe von seinen Familienbindungen in der Kindheit abhängt. In unserer Zeit hat man den nahezu zwingenden Zusammenhang zwischen Straffälligkeit und Kriminalität eines Menschen mit seinem Schicksal, ein unerwünschtes Kind zu sein, erkannt. Elemente dieser tragischen Verquikkung erkennt man auch bei Primaten. Trennt man Affenjunge auch nur vorübergehend von ihrer Mutter, bleiben als Folge dieses Schocks dauerhafte Schäden im Verhalten der Tiere zurück (siehe Band 4, Kap. 2).

Außer den bisher besprochenen Fällen gab es auch immer Situationen, in denen der Sozialverband allgemeinere Fruchtbarkeitsbeschränkungen forderte. Die Methoden reichten von der Kontrazeption über die Abtreibung bis zur Tötung von Kindern. Eine der frühesten Quellen für die Anwendung von Kontrazeptiva ist der Talmud; dort wird beschrieben, daß ein *kos shel ikrin* oder eine »Schale aus Wurzeln« zur Unterdrückung der Fruchtbarkeit erlaubt sei. Diese Methode galt allerdings als nicht sehr effektiv. Abtreibung erforderte die Einnahme giftiger Tränke oder Eingriffe, die das Leben der Frau gefährdeten, und war deshalb auch nicht beliebt. Kindestötung dagegen bedeutete keine Gefährdung der Mutter und wurde in verschiedenen Gegenden der Erde praktiziert. Abtreibung und Kindestötung wurden aus verschiedenen Gründen vorgenommen, Kindestötung zur Regulation des Geschlechtsverhältnisses und bei deformierten Kindern, und beide Methoden, um Nachkommen aus inzestösem oder außerehelichem Geschlechtsverkehr zu entfernen oder zur Verkleinerung der Gruppe bei Nahrungsmangel.

Das Töten von Jungen (durch direkte Aktion oder durch Vernachlässigung) findet sich auch in tierischem Verhalten unter bestimmten sozialen Streßbedingungen. Experimentell konnte es bei Mäusekolonien induziert werden, die sich bei begrenztem Lebensraum und Nahrungsvorrat ungehindert fortpflanzen konnten (ein Ausdruck des »Verhaltensverfalls«, wie er im vorigen Kapitel besprochen wurde).

Die Rechte von Eiern, Embryonen, Feten – und der Mütter

Bei der Beurteilung des ethischen Stellenwertes einer lange geübten Praxis, der Abtreibung (siehe Kap. 2), und einer neuen, der Befruchtung der menschlichen Eizelle *in vitro* mit nachfolgender Kultivierung außerhalb des mütterlichen Organismus (siehe Kap. 4), prallen die Meinungen hart aufeinander.

Abtreibung

Bei der Diskussion der rechtlichen Freigabe der Abtreibung ist ein einfaches ethisches Argument, man solle einer Frau, die ernsthaft und nach reiflicher Überlegung eine Beendigung ihrer Schwangerschaft will, ihren Wunsch auch erfüllen, denn das wird ihr die innere Ruhe zurückgeben und sie glücklicher machen. Man könnte in der Tat sagen, sie habe ein Recht darauf. Der Embryo oder Fetus ist ohne Bewußtsein und zum Denken oder zu Emotionen unfähig, die abtreibungswillige Mutter gerät durch seine dauernde Präsenz in Bedrängnis, besonders natürlich bei der Geburt des Kindes. Ungewollte Kinder haben wenig Chancen für ein normales Leben und werden unweigerlich für die Familie und für die Gemeinschaft zur Belastung. Man kann aber auch sagen, ein solches Kind habe die Chance, ein erfülltes Leben zu führen und mehr Glück zu erfahren, als die Mutter es durch die Abtreibung erfahren würde. Meist wird wohl das erste Argument mehr Gewicht haben, es ist weniger spekulativ und mehr im Sinne der Gruppeninteressen (und der Bevölkerungspolitik). Das zweite, entgegengesetzte Argument wird von denen vertreten, die dem ungeborenen Kind die unveräußerlichen Rechte eines zukünftigen Menschen zubilligen. Eine solche Auffassung kommt dem Gefühl und auf den ersten Blick auch dem Verstand sehr entgegen. Logisch ist dieses Argument allerdings nicht, weil der genaue Beginn des Menschseins mit den damit verbundenen Rechten gar nicht bestimmbar ist, wenn das auch allgemein angenommen wird; wir werden darauf gleich zurückkommen. Ganz abgesehen davon gibt es natürlich ernsthafte Gründe für eine Abtreibung, wenn die Schwangerschaft für das Leben der Mutter eine Gefahr bedeutet, etwa wenn sie an einer schwerwiegenden Krankheit leidet (Kreislaufstörungen, Diabetes etc.). Aus allgemein menschlichen Erwägungen heraus sollte in derartigen Fällen unbedingt die Schwangerschaft unterbrochen werden, anderenfalls würde man das Leben von Mutter und Kind gefährden. Dennoch gibt es Menschen, die aus religiösen Erwägungen auch in solchen Situationen eine Abtreibung ablehnen. In Fällen, bei denen der Embryo wahrscheinlich geschädigt ist (genetische Anomalie, Rötelninfektion der Mutter etc.), dürfte eigentlich niemand die Geburt eines Kindes wollen. Dennoch kann man argumentieren, daß auch ein erheblich geschädigtes Kind ein menschliches Wesen ist, das ein Recht auf Leben und Glück hat, wenn es ihm auch in noch so geringem Maße vergönnt sein wird. Zudem kann man ja nicht mit letzter Sicherheit voraussagen, wie schwer die Anomalie nach der Geburt wirklich sein wird. Gegen das erste Argument sprechen die verzweifelten Eltern, die in Mitleidenschaft gezogenenen Geschwister, die überanspruchten Sozialarbeiter, die überbelegten Pflegeheime und die finanzielle Belastung für die Allgemeinheit. Zu dem zweiten Argument ist zu sagen, daß heutzutage Aussagen mit einiger Sicherheit möglich sind (siehe Kap. 4) und daß die Methoden ständig verbessert und erweitert werden.

Zurück zur Frage, wann kann man den Embryo als ein menschliches Wesen bezeichnen? Allgemein sagt man, das sei bereits nach der Befruchtung (Konzeption) der Fall, einige meinen allerdings erst nach der Implantation (um den 7. Tag der Schwangerschaft). In der 9. Woche erinnert der Embryo, kaum 5 cm lang, an ein zukünftiges menschliches Wesen. Man hat auch den Zeitpunkt, zu dem die Mutter die ersten Bewegungen des Embryo spürt (erste Kindsbewegungen), als Beginn eines typischen Menschseins gewertet. Während dieser ganzen Zeit ist das heranwachsende Individuum natürlich völlig auf den mütterlichen Organismus angewiesen. Etwa in der 24. Schwangerschaftswoche könnten die Feten ein von der Mutter unabhängiges Leben führen, das heißt, wenn sie in diesem Alter von der Mutter durch Abtreibung oder Frühgeburt getrennt werden, könnten etwa 10 % unter höchst komplizierter klinischer Betreuung überleben. Frühgeburten nach 28 Wochen überleben in den meisten Fällen, allerdings auch nur unter spezieller klinischer Betreuung. Dieses Stadium wird vom Gesetz besonders berücksichtigt (in England das Gesetz zur Lebenserhaltung von Kindern aus dem Jahre 1929), und die Strafe für die Tötung eines »lebensfähigen« Fetus von 28 Wochen oder älter (Kindestötung) ist härter als bei Tötung jüngerer Feten. Wir erkennen also eine zunehmende Entwicklung zur Individualität und Unabhängigkeit vom Mutterleib, aber *keines dieser Stadien ist wirklich vergleichbar mit dem Erwachen einer persönlichen Existenz*. Selbst der Befruchtung, die ja als bedeutungsvollster Schritt angesehen werden könnte, kommt diese Bedeutung nicht zu. Das Spermatozoon ist nicht so wichtig, daß eine Entwicklung nicht auch ohne seine Beteiligung ablaufen könnte. Alles, was zum Aufbau eines Embryos notwendig ist, befindet sich bereits im Ei, und die Entwicklung kann ohne Befruchtung erfolgen, wie bei der Parthenogenese. Die wichtigste Funktion des Spermiums ist es, dem Embryo den Stempel des Vaters aufzudrücken und eine biparentale Vererbung zu ermöglichen. Bisher hat man beobachtet, daß die parthenogenetische Entwicklung bei Laborsäugetieren selten weiter als bis zur mittleren Schwangerschaftsperiode verlief, aber das könnte ein rein statistisches Problem sein; bis jetzt gibt es nämlich keinen Grund anzunehmen, eine parthenogenetische Entwicklung könne niemals zu normalen Nachkommen führen. Die Befruchtung dient somit nicht dazu, die Entwicklung zu *ermöglichen*, sondern eher dazu, sie *wahrscheinlicher zu machen*. Der Unterschied ist relativ und nicht absolut, denn selbst nach der Befruchtung ist unter normalen Bedingungen die Chance für eine Lebendgeburt wegen der vielen Möglichkeiten eines pränatalen Todes geringer als 50 %. Wenn nun aber ein unbefruchtetes Ei nur quantitativ, aber nicht qualitativ, vom befruchteten Ei im Hinblick auf die Entstehung eines vollwertigen Menschen unterschieden ist, dann muß man auch den primordialen Keimzellen die Eigenschaft eines potentiell vollwertigen menschlichen Wesens mit all seinen Rechten zubilligen, wenn auch die Chance für eine solche Zelle, sich bis zu einer Lebendgeburt zu entwickeln, äußerst gering ist (etwa 1 zu 100000). Wenn man die Dinge so sieht, dann gelangt man immer weiter zurück und ist mit einem Kontinuum ohne Anfang und Ende konfrontiert, wenn auch die Chancen für eine Zelle aus diesem Kontinuum, ein vollwertiger Mensch zu werden, immer geringer werden, je weiter man in der Zellenfolge zurückgeht.

Wie aber können wir die Rechte von Eizellen, Embryonen und Feten festlegen? Am sinnvollsten ist sicherlich, die kontinuierliche Ausbildung des Embryo zu einem menschlichen Wesen zu berücksichtigen und den verschiedenen Entwicklungsstadien abgestufte Rechte zuzuordnen, wenn das sicherlich auch Schwierigkeiten bei der Abwägung gegen die Rechte der Mutter, der Familie, des Staates und der Rasse mit sich bringt. Für die Praxis haben die Rechte von Eiern und präimplantativen Embryonen mit ihrem noch sehr einfachen Organisationsniveau und ihrer für das menschliche Auge eben wahrnehmbaren Größe kaum eine Bedeutung. Erst nach der Implantation und dem Beginn der Organogenese, wenn das Stadium der Organisationshöhe eines primitiven Wirbeltieres erreicht ist, könnte man dem Embryo eine juristische Qualität zuordnen. Der Wunsch nach Familienplanung sollte hier aber als Begründung für eine Abtreibung völlig ausreichen. Die Abtreibung aller weiterer Stadien, die noch nicht allein lebensfähig sind, sollte in Fällen von starker Überbevölkerung oder in Fällen, in denen das Wohl von Mutter oder Familie bedroht ist, freigegeben werden. Die Rechte von Feten, die bereits außerhalb des mütterlichen Organismus am Leben erhalten werden könnten, sollten in jedem Fall geschützt sein, es sei denn, das Leben der Mutter sei in Gefahr.

Der rechtliche Status des ungeborenen Kindes wird natürlich von dem jeweiligen Hintergrund und den jeweiligen besonderen Umständen abhängen, die bei seiner Formulierung in der Gesellschaft gegeben sind. Natürlich besteht hier die Gefahr, daß bei zunehmendem Sozialdruck der rechtliche Status des ungeborenen Kindes so gering geschätzt wird, daß die allgemeine Achtung vor dem menschlichen Leben schwindet. Zweifellos würde eine zu laxe Handhabung der Rechte des einzelnen zu einer Untergrabung der Grundwerte einer Gesellschaft führen, die auch in einem Schutz der Interessen des einzelnen bestehen. Ob allerdings eine geregelte Abtreibung in Kliniken diese Wirkung hat, ist sehr fraglich; bisher gibt es aus Ländern, in denen die Abtreibung freigegeben ist, dafür nicht den geringsten Hinweis. Im Gegenteil scheint sich eine Freigabe der Abtreibung eher positiv auf die Gesellschaft auszuwirken. Indem sie eine aufgeklärte Familienplanung ermöglicht und die schlimmen Folgen einer Überbevölkerung verhindert, dient die freigegebene Abtreibung einer Verbesserung der Lebensqualität.

Der Beginn der menschlichen Entwicklung in vitro

Die Technik ist im Prinzip einfach, im Detail allerdings kompliziert. Wie in Kap. 4 beschrieben, muß zunächst eine Eizelle aus dem Ovar entnommen werden. Nach einer vorhergehenden Hormonbehandlung zur Induktion des Follikelwachstums werden der Patientin mit Hilfe der Laparoskopie Eizellen entnommen und in ein geeignetes Medium überführt. Sie werden *in vitro* befruchtet, und die Embryonen durchlaufen ihre früheste Entwicklung in dem Nährmedium. Das Ziel derartiger Experimente (wie in Kap. 4 beschrieben) ist es, den Embryo in den Uterus der Patientin zu implatieren und ihr so eine Schwangerschaft zu ermöglichen, die auf normalem Wege wegen eines Eileiterverschlusses nicht möglich wäre.

Derartige Manipulationen sind allerdings mit einer Reihe von Schwierigkeiten verbunden: 1. Wenn auch die Hormonbehandlung und die Operation mit dem Einverständnis der Patientin und zu ihrem Wohl durchgeführt werden, so liegt doch keine unmittelbare therapeutische Notwendigkeit vor, und es erhebt sich somit die Frage nach der Legalität. In rechtlicher Hinsicht dürften jedoch keine Bedenken bestehen, da man das Wohl der Patientin verfolgt, das anders als mit einem derartigen Eingriff nicht erreicht werden kann. Dieser Überlegung kommt auch vom moralischen Standpunkt ein erhebliches Gewicht zu. Zudem wäre die medizinische Wissenschaft nicht annähernd so erfolgreich, wenn es nicht immer Männer und Frauen gegeben hätte, die sich freiwillig und zum Wohle ihrer Mitmenschen für Forschungsarbeiten zur Verfügung gestellt hätten. 2. Der Transfer einer Eizelle in ein Kulturgefäß, Befruchtung und Kultur *in vitro* könnten nach dem englischen Personenstandsgesetz von 1861 als lebensgefährdende Tat strafbar sein. Das würde allerdings voraussetzen, daß man die Eizelle oder den frühen Embryo als »Kind unter 2 Jahren« ansieht. In den Augen der Kirche ist die Gefährdung des Lebens von Embryonen, die ja bereits eine Seele haben könnten, auf jeden Fall abzulehnen, und die Technik ist auch bereits mit einem päpstlichen Verbot belegt. 3. Eizellen und Embryonen sterben natürlich, wenn verschiedene Kulturmethoden erprobt werden. Solche Experimente sind unumgänglich, weil Versuche an Labortieren allein nur grobe Anhaltspunkte für die Kultur menschlicher Embryonen liefern. Zudem müssen Eizellen und Embryonen für unumgängliche zytologische Analysen fixiert (also getötet) und gefärbt werden, anders kann nicht entschieden werden, ob unter bestimmten Kulturbedingungen ein normales Wachstum erfolgt. Alles dies könnte als Tötung zukünftiger menschlicher Wesen verstanden werden, die ethischen Grundlagen dazu wurden bereits in dem Kapitel über die Abtreibung diskutiert.

Die Einstellung der Religionen

Die Lehrmeinungen der großen Weltreligionen – Christentum, Judentum, Islam, Hinduismus und Buddhismus – sind nichts anderes als Vorschriften für individuelles und soziales Verhalten, die mit den Begriffen der allgemeinen Ethik übereinstimmen. Natürlich gibt es eine Fülle lokaler und sektiererischer Abweichungen, besonders wenn die Notwendigkeit der Anpassung an sich verändernde Umstände gegeben ist. Islam, Hinduismus und Buddhismus lehren die Heiligkeit des Lebens und die Rechte des Individuums, stehen aber den verschiedenen kontrazeptiven Praktiken tolerant gegenüber. Im Gegensatz dazu sind zumindestens die konservativen Kräfte im Christentum und Judentum immer noch gegen eine Geburtenkontrolle. Besonders unnachgiebig verhält sich die katholische Kirche. Ein fester Standpunkt kann in einer Welt der sich wandelnden Wertvorstellungen durchaus verdienstvoll sein, aber auf einer Position unter Mißachtung dringender Notwendigkeiten zu beharren, ruft natürlich Kritik hervor, und eine solche Haltung angesichts einer drohenden Katastrophe kann sich ganz offensichtlich als selbstmörderisch erweisen. Nach den Lehrsätzen dieser Kirche sind alle Arten der Kontrazeption mit Ausnahme der äußerst ineffektiven »Rhythmus-Methode« ausdrücklich verboten. So soll unterbunden werden, was allein noch die abnehmende Lebensqualität in vielen überbevölkerten und unterprivilegierten Ländern aufhalten könnte. Dem einzelnen wird mit esotherischen Begründungen eine »Sünde« verboten, die brennenden Probleme der Allgemeinheit aber werden einfach ignoriert. Die Abtreibung wird mit besonderer Inbrunst verdammt, selbst dann, wenn es um die Rettung des mütterlichen Lebens geht; hier wird dem Embryo Vorrang vor dem Leben der Mutter eingeräumt. Diese Lehrsätze der katholischen Kirche haben ihrer fehlenden logischen und humanitären Motivation wegen zu weltweiter Verbitterung, Gereiztheit und Mutlosigkeit geführt, und natürlich hat man versucht, den Grund dafür zu finden. Erklärungen sind leicht zu finden und geben interessante Einblicke in die menschliche Natur, tragen aber wenig zur Lösung des Problems bei. Im wesentlichen wird die christliche Einstellung zu diesen Fragen durch zwei Behauptungen geprägt: 1. Die Unterdrückung der Fruchtbarkeit fördere die Unzucht, und 2. die Abtreibung sei ein Akt der Tötung vor der Erlösung von der Erbsünde. Wir wollen das etwas genauer betrachten.

Die Ablehnung der geschlechtlichen Liebe – oder genauer der geschlechtlichen Begierde – ist in der christlichen Lehre tief verwurzelt. Möglicherweise resultierte das zuerst aus einer asketischen Einstellung, die jegliche Vergnügung und natürlich besonders die Ekstase des Geschlechtsverkehrs verdammte. Die Interpretation des »Falles« Adams als einer Folge von Unzucht, die immer wieder durch Kirchenführer, wie Paulus, Augustin, Thomas von Aquin und viele andere bis zu den jetzt lebenden, ausgesprochene Verdammung des sexuellen Vergnügens und die weitverbreitete Tradition des Zölibats unter der Priesterschaft haben im Hinblick auf die Sexualität einen quälenden Schuldkomplex als christliche Erbschaft hinterlassen. In neuerer Zeit werden Sexualprobleme mit etwas mehr Einsicht behandelt (siehe die beiden Veröffentlichungen einer kirchlichen Kommission für Sozialfragen, die in der Literaturliste am Ende dieses Kapitels zitiert sind). Dennoch muß die christliche (und bis zu einem gewissen Maße auch die jüdische) Theologie die Last der Verantwortung für ein Jahrhunderte andauerndes menschliches Elend und für die Verzweiflung der Menschen tragen, die aus der aktiv geförderten Sexualphobie entstanden sind. Noch tragischer ist das Fehlen jeglicher Einsicht in die physiologische Tatsache, daß der Geschlechtsverkehr als solcher ganz harmlos ist, und das Fehlen jeglicher Einsicht in die anthropologische Tatsache, daß soziale und eheliche Bindungen mindestens durch vorehelichen Geschlechtsverkehr nicht gelockert werden. Andere Religionen sind nicht mit derartiger Blindheit geschlagen, wenn sie auch die Ehe schützen und Mäßigung im Geschlechtsleben vorschreiben.

Die zweite Argumentationskette, die sich mit der Abtreibung auseinandersetzt, ist komplexer. Zunächst wird die Annahme gemacht, das Leben beginne mit der Befruchtung, eine Abtreibung sei somit ein direkter Verstoß gegen das sechste Gebot (das fünfte im katholischen Dekalog) und somit undenkbar. Die gleiche Ideologie erlaubt allerdings leichtfertig das Töten Erwachsener – bei der Selbstverteidigung und im Krieg. Dem ungeborenen Leben werden offenbar besondere Privilegien zugestanden, und eine nähere Untersuchung ergibt einen Zusammenhang mit der Erbsünde. Die Erlösung von der Erbsünde kann nur durch die Taufe erfolgen, einer Prozedur, die einen physischen Kontakt eines lebenden Fetus oder Kindes mit dem Weihwasser verlangt. Das gilt als äußerst wichtig, denn wenn ein Kind ungetauft stirbt, dann ist seine Seele zu ewiger Höllenqual verdammt. Und hier liegt letztlich der Grund für das strikte Verbot der Abtreibung. Natürlich bekennt man sich heute nur noch selten so deutlich zu derart mystischen Glaubenssätzen, aber die Ideen leben fort und beeinflussen Kirchenpraxis, Politik und päpstliche Enzykliken.

Natürlich ist die Ablehnung einer Fertilitätskontrolle aus anderen als ethischen oder logischen Motivationen nicht ein Vorrecht der Kirche, sie wird oft auch vehement von militanten Nationalisten oder auch linken Splittergruppen im Namen eines nationalen Prestiges vertreten. In solchen Fällen haben die kirchlichen Visionäre merkwürdige Verbündete gefunden.

In diesem Kapitel ist nichts über ethische Probleme im Zusammenhang mit der bisher allerdings noch nicht gelungenen Kultur von Embryonen bis zur vollständigen Entwicklung (»Reagenzglasbabies«) oder mit einer möglichen genetischen Manipulation des Menschen gesagt worden. Beides wird sicher irgendwann möglich sein, wenn bis zu einer praktischen Anwendung auch noch ein weiter Weg zurückgelegt werden muß. Diese Methoden könnten unter bestimmten Voraussetzungen für die Menschheit von größter Bedeutung sein, führen allerdings schon jetzt zu hitzigen Debatten in der Presse und zu gefühlsbetonten Äußerungen auch an höchsten Stellen. Es gibt sogar den Vorschlag, man solle derartige Forschungsarbeiten verbieten. Aber das wäre Defätismus, denn wenn wir wirklich unsere Zukunft meistern wollen, dann müssen wir in voller Verantwortlichkeit alle Möglichkeiten zur Kontrolle der menschlichen Fortpflanzung und Entwicklung ausschöpfen.

Ergänzende Literatur

The Sanctity of Life and the Criminal Law. L. Glanville Williams. London; Faber & Faber (1958).

Abortion. An Ethical Discussion, and *Sterilization. An Ethical Enquiry.* Both published for the Church Assembly Board for Social Responsibility, by the Church Information Office, Church House, London (1962 and 1965).

Biology and Ethics. Institute of Biology Symposia, no. 18. Ed. F. J. Ebling. London and New York; Academic Press (1969).

Animal Behaviour, Ethics, Social Anthropology, and articles on various religions, and other topics in *Encyclopaedia Britannica* (1965).

Sachregister

Vom Wildtier zum Haustier

Von Prof. Dr. Dr. h. c. Dr. h. c. HANS NACHTSHEIM und Dr. HANS STENGEL

3., völlig neubearbeitete Auflage. 1977. 156 Seiten mit 76 Abbildungen und 10 Tabellen. Balacron brosch. DM 38,–

Die Gesetzmäßigkeiten und genetischen Abläufe der Domestikation, nach denen sich seit Jahrtausenden die Wandlung vom Wildtier zum Haustier vollzieht, sind Gegenstand dieses Buches, das in seiner leichtverständlichen Darstellung im weitesten Sinne für naturwissenschaftlich-zoologisch-genetisch interessierte Leser bestimmt ist.

Bei dem in freier Wildbahn lebenden Tier sorgt die natürliche Zuchtwahl für eine möglichst vollkommene Anpassung an seinen Lebensraum und die dort herrschenden Lebensbedingungen. Wird solch ein Tier aber in die Obhut des Menschen genommen, so ist es dem Kampf ums Dasein und ums Überleben entzogen und an die Stelle der natürlichen Zuchtwahl tritt die künstliche Zuchtwahl. Der Mensch entscheidet nun über die auftretenden Varianten in Eigenschaft, Verhalten und Leistung des Tieres, indem er sie züchterisch weiterentwickelt, verändert oder abschafft. Infolge der Verschiedenartigkeit der züchterischen Anforderungen hat sich im Laufe der Domestikation bei allen Haustierarten auf diese Weise eine bunte Fülle und Vielfalt ergeben, die bei den heutigen Rassen zu erkennen ist und die ganz im Gegensatz zu der Einförmigkeit der ursprünglichen Wildtiere steht.

Die Verfasser erläutern die genetischen Vorgänge der Domestikation am Beispiel des Kaninchens, ihrem Versuchstier, von dem in langjähriger, experimenteller Arbeit rund 35.000 Exemplare gezüchtet wurden. Dabei kann schrittweise verfolgt werden, wie aus dem Tier in freier Wildbahn ein Haustier mit einer Vielzahl verschiedener Rassen mit wiederum verschiedenen Merkmalen und Eigenschaften geworden ist.

Ferner wird in einem speziellen Kapitel auf die Entstehung von Erbanomalien und Erbleiden sowie ihrer Verhütung und Bekämpfung eingegangen und gleichfalls in einem gesonderten Kapitel gezeigt, daß der Vorgang der Domestikation auch reziprok ablaufen kann; das bedeutet die Verwilderung von Haustieren. Ein Anhang mit einem Literaturverzeichnis, einer Bibliographie der Verfasser und einem Sachverzeichnis bilden den Abschluß des Buches, das sich nicht nur an die Studierenden und Dozenten der Biologie, Zoologie, Genetik, Verhaltensforschung, Tierzucht, Human- und Veterinärmedizin wendet, sondern auch an die Schüler und Lehrer der Sekundarstufe II an Oberschulen und an den großen Kreis einer an biologischen Phänomenen interessierten Leserschaft.

Verlag Paul Parey · Berlin und Hamburg